纺织服装高等教育"十二五"部委级规划教材

内衣结构

柴丽芳 许春梅 编著

设计与纸样

Neiyi Jiegou Sheji yu Zhiyang

东华大学 出版社

内容提要

　　本书深入分析了内衣结构设计原理和变化方法,系统地介绍了文胸、内裤、骨衣、腰封、睡衣、家居服、泳衣等各种内衣的纸样设计和处理方法。书中实例丰富、实用、兼具原理与实践性,既适合服装院校作为专业教材使用,亦适合企业技术人员作为参考用书。

图书在版编目(CIP)数据

　　内衣结构设计与纸样/柴丽芳,许春梅编著. --上海:
东华大学出版社,2013.1
　　ISBN 978-7-5669-0189-7

　　Ⅰ.①内…　Ⅱ.①柴…②许…　Ⅲ.①内衣-结构
设计　Ⅳ.①TS941・713

　　中国版本图书馆 CIP 数据核字(2012)第 289299 号

责任编辑　谢　未
编辑助理　李　静
封面设计　黄　翠

内衣结构设计与纸样

柴丽芳　许春梅　编著
东华大学出版社出版
上海市延安西路 1882 号
邮政编码:200051　电话:(021)62193056
电子信箱:xiewei522@126.com
新华书店上海发行所发行　江苏省句容市排印厂印刷
开本:889 mm×1194 mm　1/16　印张:8.5　字数:299 千字
2013 年 1 月第 1 版　2013 年 1 月第 1 次印刷
印数:0 001—3 000
ISBN 978-7-5669-0189-7/TS・364
定价:29.00 元
本社网址:http://www.dhupress.net
淘宝书店:http://dhupress.taobao.com

前　言

　　近年来,随着内衣行业的迅猛发展,内衣板型技术得到了更多的重视。对于内衣结构设计与纸样,业内人士已开展了十几年的研究工作,并取得了一定的研究成果。但这些成果迫切需要更加全面、深入地研究,来帮助板型技术人员提高技能。而现阶段业内的板型技术人员多依靠经验制板,初学者入门易,精通难。

　　本书对内衣类服装(包括文胸、内裤、骨衣、家居服、游泳衣等)的结构设计原理和方法进行了全面深入的讨论,侧重归纳了内衣(特别是文胸)结构设计的系统处理方法。本书的创新之处在于,分析了目前可用的两种内衣打板方法(定寸法和原型法)的纸样变化规律;集合了两者的技术优势,总结出内裤、骨衣、家居服等内衣的结构设计方法,并通过大量实例予以说明。

　　本书的打板方法系统性、原理性强,简单实用。希望能帮助读者深入了解内衣纸样的内在变化规律,掌握常用制图数据,学会自己灵活设计和处理纸样。

　　由于作者水平有限,书中难免出现错误和纰漏,望读者谅解。盼望与对内衣板型有兴趣的同仁朋友沟通交流,共同进步。

广东工业大学

柴丽芳

2012 年 8 月 7 日

目　录

第一章 内衣概述

广义的内衣,是指穿着在里层的服装,一般与人体皮肤直接接触。它们的作用是保护外衣不受人体分泌物和排出物污染,保暖,塑造人体体型,或为人体某些部位提供支撑。一些内衣具有人性和社会性的功能,如吸引异性等。内衣中有一些种类是专用的,而另一些服装,如 T 恤、背心等,则可内外两用。

按照穿着部位,内衣可分为上装和下装;

按照性别,内衣可分为女性内衣和男性内衣;

按照年龄,内衣可分为婴幼儿内衣、儿童内衣、少年内衣、青年内衣和中老年内衣;

按照穿着场合和目的,内衣可分为日常内衣、家居内衣和沙滩服。其中,日常内衣可分为基础内衣(包括文胸和内裤)、塑型内衣(骨衣、束腰、束裤等)、运动型内衣和保暖内衣;家居内衣是指可在家里穿着的休闲装和睡衣,可分为日用家居服(背心、短裤、各式家居休闲装等)和睡衣(睡衣裤、睡袍、睡裙等);沙滩服包括游泳衣、沙滩袍、沙滩装等。具体分类如图 1-1。

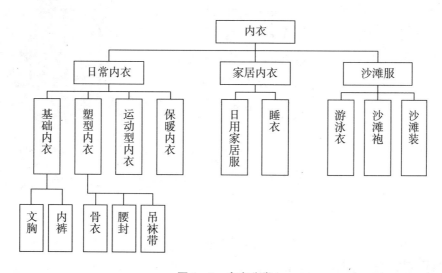

图 1-1 内衣分类

第一节 现代内衣发展历史

现代内衣与古代内衣在结构上有很大的差别。古代内衣多用简单的方法遮蔽身体,近几个世纪以来,内衣只追求塑造身体,而忽略身体的舒适与健康。现代内衣则将人体健康放在首位,使用舒适的面料、合理的结构,使内衣真正成为人体的第二层皮肤。

现代内衣从 20 世纪早期开始萌芽和发展。当时大规模生产的内衣工业开始兴起,激烈的竞争局势使生产商不得不尽可能推陈出新,设计出各种创新和精致的产品。

同时,女式内衣设计师"放松"了紧身衣。具有弹性但支撑力很强的新材料的发明使鲸骨和钢丝得以拆除,外衣的衣身已经放松,这些为紧身衣的改革提供了条件。

男士内衣同时也在进步。1900 年左右,一个叫本杰明·约瑟夫·克拉克(Benjamin Joseph Clark)的男性创立了生产一种男士紧身平角裤的公司,与现代的男士内裤极为相似。

20 世纪初,Chalmers 针织公司将以往的男女老幼都穿着的连身衣分成了上下两部分,很快演变成了现代的男士汗衫(Undershirt)和内裤(Drawers)。妇女们穿着蕾丝版的两件套,即妇女贴身背心(Camisole)和内裤(Drawers)。

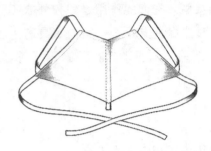

图 1-2　第一个现代文胸专利图(1914 年)

1913 年,纽约社会名流玛丽·菲尔普斯·雅各布(Mary Phelps Jacob)彻底改变了妇女内衣时尚,她创造了第一个文胸——两条手帕用一根丝带绑在一起。雅各布的本意是想遮盖住从其紧身衣中露出的鲸骨,以免透过她穿的薄裙子而外露。她后来开始帮她的家人和朋友做文胸。1914 年,雅各布获得了该文胸的专利,在美国推广,专利图见图 1-2。虽然妇女们过去也穿过类似文胸的内衣,但雅各布首次将其成功地市场化,并被大家接受。

20 世纪 20 年代末,类似裤子的灯笼裤(Bloomers,图 1-3),由伊丽莎白·史密斯·米勒(Elizabeth Smith Miller)发明,妇女权利运动者阿玛利亚·真克·布鲁姆(Amelia Jenks Bloomer)(1818~1894)将其推广流行,获得了当时流行的漫画人物"吉布森女孩"作者的关注,他在画中给漫画人物穿上灯笼裤骑自行车、打网球。这种新的妇女健康形象使紧身胸衣迅速退出历史舞台。另一个促使紧身胸衣消失的因素是在第一次世界大战期间,金属急缺,使用铁圈和铁条的紧身胸衣只好被文胸取代。

同时,一战士兵发明了一种前扣式短裤作为内裤。扣子与另一块缝在裤子前面的布料,或称"育克"相扣,可以通过侧面绑带调解合体度。这个设计非常受欢迎,它在一战快结束时,取代了一件套内衣。

图 1-3　灯笼裤(Bloomers)

图 1-4　Flapper 风格女装

20 世纪 30 年代,生产商从耐穿转而关注舒适。广告里充斥着各种减少了扣子数量、增加了穿着便利性的专利新产品,这些实验性的设计大多与一件套内衣裤的裆部合体度有关。一种新型针织棉布料——奈恩苏克布(Nainsook),由于其弹性良好,受到市场欢迎,零售商们也开始销售经过预缩工序的内衣。

同时,由于妇女的裙摆越来越高,女性们开始穿着丝袜以遮盖裸露的腿部。灯笼裤也越来越短,而且宽松自然。男孩式的 Flapper 风格女装开始兴起(图 1-4)。在这个年代末,灯笼裤变成了 Step-ins(短于外裤的裤子),非常像现代内裤,但腿部很宽松。

随着跳舞成为年轻的 Flappers 最中意的娱乐活动,为了避免袜子滑落,有人发明了吊袜带(garter belt)。Flapper 萌发的性意识也使内衣远比以前更加性感,正是 Flapper 开创了内衣时代。

1928 年,一个叫亿达·罗森特尔(Ida Rosenthal)的俄罗斯人开办的 Maidenform 公司改进了文胸的设计,并将现代罩杯代码引入文胸。

现代男性内衣大部分都是在 20 世纪 30 年代发明的。1935 年 1 月 19 日,库珀(Coopers)公司在芝加哥卖出了世界上第一个三角裤。三角裤由服装工程师阿瑟尔·尼波乐(Arthur Kneibler)设计,它省去了腿部的部分,有一个 Y 形重叠前裆。公司为其取名"骑士(Jockey)"(图1-5),因为它能提供一定程度的支撑,在此之前,只有下体护身(Jockstrap)才能做到。这种内裤极受欢迎,自问世 3 个月内,就卖出了 30 000 条。1938 年,当"骑士"开始在英国售卖时,每周销售量达 3 000 条。

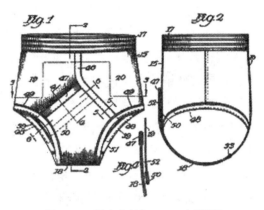

图 1-5 男士内裤(Jockey 专利图)

在这个时代,一种有弹性腰带的无扣内裤也开始在市场上销售,它是第一款真正意义上的平角短裤(boxer shorts,字面意思为拳师短裤),因为这款短裤与专业拳击手穿的短裤非常像,因而得名。思科威尔制造公司(Scovil Manufacturing)这时开发了按扣(Snap Fastener),成为各式内衣的常用辅料。

20 世纪 30 年代末,女性又穿回了紧身胸衣(Corset),更名为"腰封(Girdle)",这种内衣没有鲸骨和金属持力,一般与文胸和吊袜带合穿。

在第二次世界大战中,由于橡胶和金属急缺,弹性腰带和金属按扣又一次让位给系扣,普通人也很难买到内衣,因为出国征战的士兵有穿用的优先权。在战争快结束时,1933 年,桑佛德·克鲁特(Sanford Cluett)发明了叫做"Sanforization"的预缩工序,后来被大多数的制造商采用。

同时,一些女性又穿回了一种叫做"蜂腰带(Waspie)"的紧身腰带(图1-6),它可以塑造出"蜂腰"曲线。很多女性开始穿无肩带文胸,这种文胸可以将胸部前推,使乳沟更加明显。

在 20 世纪 50 年代前,内衣由简单的白色布做成,不可外露。而到了 50 年代,内衣开始作为时尚产品登上舞台,逐渐采用了印花和各种颜色的布料。生产商也开始使用人造纤维、的确良、尼龙和弹性纤维制作内衣。到了 60 年代,男性的内衣一般会印上鲜艳的图案、文字或卡通人物等。

女性的内衣开始强调胸部,而非腰部。20 世纪 60 年代,由克里斯丁·迪奥(Christian Dior)以"迪奥新风貌"为灵感而设计的子弹型尖顶文

图 1-6 蜂腰带(Waspie)

图 1-7 子弹型尖顶文胸

胸问世(图 1-7),而 Wonderbra(美国著名内衣品牌)的雏形和前推式文胸开始扬名。另外,女式内裤变得更加多彩和富于装饰,在 60 年代中期,两种简单的款式——紧身短裤(Hip-Hugger)和比基尼(Bikini)出现了,一般采用薄尼龙面料制作。

连裤袜(Pantyhose),英国叫做"Tights",1959 年由北卡罗莱纳州的格仑·瑞恩·米尔(Glen Raven Mills)发明。1965 年该公司发明无缝式连裤袜,恰逢迷你裙流行而兴起。60 年代末,腰封(Girdle)逐渐退出流行舞台,人们转而青睐更加性感和轻薄的产品。

20 世纪 70 年代,内衣开始作为时尚产品,在 70 和 80 年代达到顶峰,内衣广告商放弃了舒适、耐穿,性感成了唯一的卖点,泳衣也是如此。无袖 T 恤在 20 世纪 80 年代成为热季时兴的休闲户外服,麦当娜、辛迪·劳博尔等艺人也掀起了内衣外穿的浪潮。80 年代,G 字裤(G-string)在南美洲也流行起来,特别是在巴西。90 年代,这种款式在整个西方世界流行起来,包括丁字裤。现在,丁字裤是最畅销的女性内衣之一,男士也穿用。

虽然在此之前健康与实用备受重视,但 20 世纪 70 年代男性内裤销售商更看重时尚与性感。卡文·克雷恩(Calvin Klein)等设计师在他们的广告中使用近于全裸的模特引人瞩目。同性恋群体的增长也使内衣更加丰富多样。

在 20 世纪 70 年代的英国,紧身牛仔裤的流行一度使三角裤的销量超过拳师短裤,但 10 年后,由于尼克·卡曼(Nick Kamen)在 Levi's 为其 501 牛仔裤所做的商业广告片"洗衣店"中,穿着一条白色的拳师短裤,使其流行反超三角裤。

20 世纪 90 年代,紧身四角裤出现了,它既保留了拳师短裤的长度,又像三角裤一样紧身。嘻哈风使低胯裤流行起来,裤子穿在腰下,露出腰带或部分内裤。

第二节　现代内衣的常见款式

一、文胸

(一)文胸的基本结构(图 1-8)

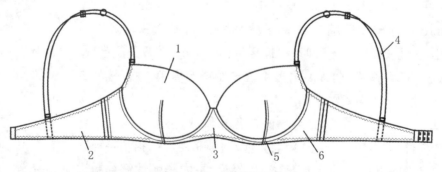

图 1-8 文胸的基本结构

(1)罩杯:文胸的最重要的部分,有保护双乳,改善外观的作用;

(2)后拉片(后比):帮助罩杯承托胸部并固定文胸位置,一般用弹性强度大的材料;

(3)鸡心:文胸的正中间部位,起定型作用;

（4）肩带：长度可以调节，利用肩膀吊住罩杯，起到承托作用；

（5）下扒：支撑罩杯，以防乳房下垂，并可将多余的赘肉慢慢移入罩杯；

（6）侧比：属于后拉片结构，但面料与其不同，主要功能是固定罩杯，与后拉片之间缝合，用胶骨固定。

（二）罩杯的款式设计

1. 按罩杯的内外层组成结构分，可分为双层文胸、夹棉文胸、模杯文胸（图1-9）。

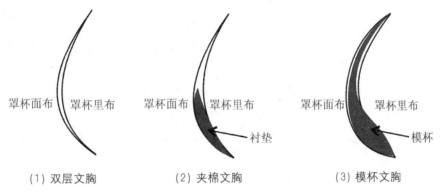

| （1）双层文胸 | （2）夹棉文胸 | （3）模杯文胸 |

图1-9　三种罩杯结构的横切面示意图

双层文胸一般由面布和里布两层组成，轻薄而舒适，具有包裹胸部的基本作用，有一定的托举功能。适合少女、中老年文胸，或家居穿着。

夹棉文胸一般由面布、里布和衬垫组成。夹层一般垫在里料的乳下部，常见棉垫，也有水垫、气垫等。由于文胸厚度较小，又有衬垫，所以夹棉文胸既轻薄透气，又兼具良好的塑造乳房形态的功能。夹棉文胸的面料层一般采用结构线构造乳房的立体形态，因此这类文胸是文胸结构设计的重点。

模杯文胸一般由面布、里布和模杯组成。模杯是冲压成型的海绵体，是塑造外在乳房形态的主要辅料。面料可以利用针织面料的弹性直接缝合在模杯上，分割线、省等结构不是必需的结构设计手段。在实际生产中，可以粗裁面料，通过拖拽、抚平布料，与模杯边缝合，然后把多余的面料裁剪掉。因此，模杯文胸不存在结构设计和处理的问题。

2. 按罩杯覆盖胸部的面积划分，罩杯可分为全杯、3/4杯、5/8杯、1/2杯等，如图1-10所示。

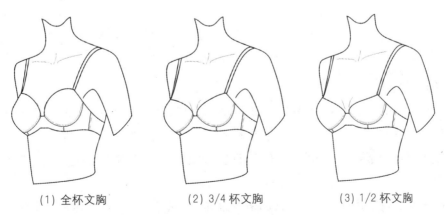

| （1）全杯文胸 | （2）3/4杯文胸 | （3）1/2杯文胸 |

图1-10　三种覆盖面积不同的文胸

其中，3/4杯、5/8杯未覆盖的乳房面积是上乳内侧。裸露的地方往往更容易推挤脂肪，塑造形态，感觉舒适。因此3/4杯和5/8杯的罩杯款式一般具有透气、舒适、乳房内聚等功能。

1/2杯使大部分乳上方的脂肪都在罩杯之外，具有透气、舒适和上推乳房的性能，特别适合与晚礼服和领口较大的服装合穿。

3. 按罩杯的结构线分,罩杯可分为单省杯、上下杯、左右杯、T字杯等常见款式,如图1-11所示。

罩杯的结构线一般为纵向、横向、斜向的分割线,也可将杯面设计成其他分割线和褶裥等。按照服装结构设计的原理,分割线设置得越多,越有利于罩杯的立体形态圆顺、合体。

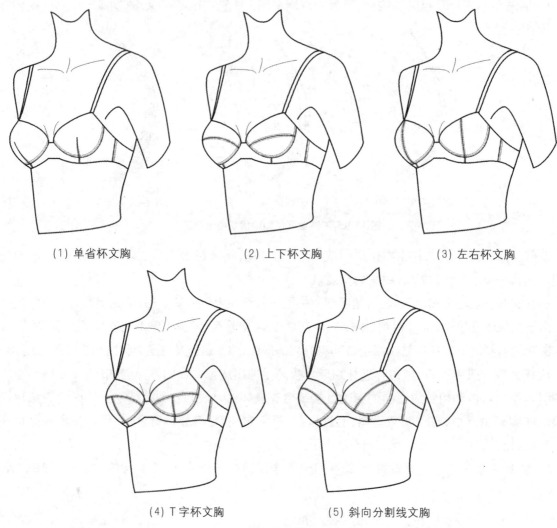

(1) 单省杯文胸   (2) 上下杯文胸   (3) 左右杯文胸

(4) T字杯文胸   (5) 斜向分割线文胸

图1-11 文胸罩杯结构线

(三) 肩带的结构设计

肩带可分为连接式、半连接式和可拆分式三种。连接式肩带直接缝合在文胸罩杯和后拉片上,虽然不能自由替换肩带,但是避免了肩带从文胸上脱开的麻烦;半连接式肩带一端(一般是前端)缝合在罩杯上,另一端是挂钩式的,可调节肩带长度;可拆分式肩带最为常见,可完全从文胸上摘掉,也可自由组装。

在文胸的常见穿着弊病中,肩带从肩部滑脱最常见、最普遍,因此肩带的设计非常重要。一般肩带在肩线靠近肩点的1/3处。如果太靠近侧颈点的话,肩部斜度大,没有支撑点,且易从领口露出。太靠近肩点,又容易滑脱。

为了避免肩带滑脱,可以采用肩带在背部交叉、在颈部吊带等方式,在结构上改变肩带的方向。

防滑肩带、超宽肩带等也能在一定程度上解决这一问题。防滑肩带在与人体接触的面有粗糙的凸起或细绒,超宽肩带比正常肩带宽,都是通过增加肩带与人体的摩擦力来阻止肩带滑脱。

(四) 后拉片的结构设计

后拉片主要与肩带一起,起到固定罩杯、收紧背部脂肪的作用。常见的后拉片是上边和下边都水平的一字型,也有U字型后拉片。同时,也可以将后拉片与肩带搭配设计,得出各种创新款式。图1-12为三种常见的后拉片形式。

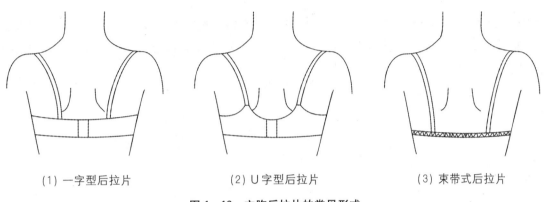

(1) 一字型后拉片　　　　(2) U字型后拉片　　　　(3) 束带式后拉片

图1-12　文胸后拉片的常见形式

(五) 鸡心的结构设计

鸡心是根据人体在文胸上分割出的一小片部件,使罩杯更加符合人体,同时也起到固定左右罩杯的作用。如果没有鸡心部分,则罩杯在人体前中心的位置不易贴合人体,但可以通过合理设置罩杯结构达到内聚乳房的目的。这样的款式叫做连鸡心文胸。

鸡心可高可低。有的罩杯后拉片没有钩扣,而将鸡心作为文胸的开口,叫做前扣式文胸。前扣式文胸有内聚乳房的作用,且穿脱方便,不足之处是没有调节文胸下胸围尺寸的功能。图1-13为常见鸡心款式。

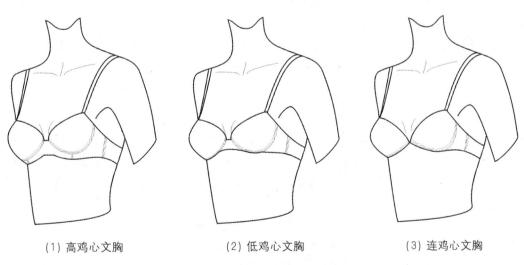

(1) 高鸡心文胸　　　　(2) 低鸡心文胸　　　　(3) 连鸡心文胸

图1-13　文胸鸡心的常见形式

二、内裤

按照形状,内裤可分为三角裤、平角裤和丁字裤。

三角裤正好覆盖住人体从腰部到裆部的三角带,穿着舒适、合体,是最为常见的内裤。

平角裤包裹到腿部,遮蔽的皮肤面积大,卫生性能好,适合与裙装合穿,也可以在家居时直接穿着。

丁字裤适合与紧身裙和紧身裤合穿,避免了三角裤裤脚痕迹外露的现象,丁字裤的裸露程度最高,是常见的性感型内裤。

三、骨衣、腰封、吊袜带等

骨衣是利用面料的弹性、胶骨的强度和韧性对人体起到塑型作用的内衣,按照内衣作用范围的不同,可将骨衣设计为长身骨衣和短身骨衣。长身骨衣的长度盖过腰围线,达到中腰围;短身骨衣在腰围线以上,如图 1-14 所示。

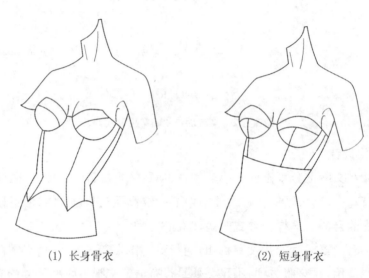

(1) 长身骨衣　　　　　　　　(2) 短身骨衣

图 1-14　骨衣常见款式

腰封的主要作用是收紧乳房以下、髋关节以上的部位,特别是在腰围处,收束力大,可起到使腰围变小、腹部平坦的作用。

吊袜带位于人体的腰腹部,除了与长筒袜合穿、抓紧袜口以外,还有内衬和装饰作用。同时,吊袜带也能在一定程度上束紧人体腰腹部,提升大腿肌肉。

四、家居服

家居服的款式结构属于外穿类服装,较为宽松自由,款式变化丰富。按照季节,可分为春夏季家居服和秋冬季家居服。春夏季家居服一般为短袖或无袖,短裙或短裤,面料轻薄;秋冬季家居服一般为长袖、长裤,面料厚实。家居服与追求合体、挺括、时尚的外出服相比,廓型宽松自然,面料柔软,色彩温馨,别具特色。

五、游泳衣

游泳衣按结构可分为连体泳衣和分体泳衣,按照裤子部分的款式可分为比基尼式泳衣、平角裤式泳衣和裙式泳衣。

连体泳衣是腰线不断开,上下身相连的泳衣,不易脱落;分体泳衣上下身分开,运动的功能性和舒适性好。裙式泳衣优雅美观,适宜遮蔽人体缺陷,如图 1-15 所示。

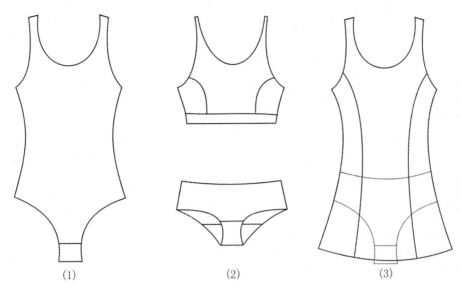

(1)　　　　　　　　(2)　　　　　　　　(3)

图 1 - 15　游泳衣常见款式

第三节　内衣的面料与辅料

一、内衣的面料

(一) 内衣常用面料

内衣是贴身穿着的衣物,应特别注意面辅料的舒适和安全。简要地说,内衣的面辅料应选用吸汗、透气、柔软的天然纤维面料,特别是与皮肤直接接触的内层布料,如文胸和内裤的里布。另外,有塑型功能的文胸、骨衣、连身衣等,还应在一些部位选用强度大的定型面料和弹性好的拉架布。

1. 常用的天然纤维面料

(1) 棉

棉制品特点是手感柔软舒适、保暖性好、吸汗、透气,对皮肤不易引起过敏,是最常见的内衣面料,大量使用在塑型内衣与人体接触的里层以及运动休闲内衣、睡衣等内衣中。

(2) 麻

麻类纤维制品具有吸湿、透气、抑菌、防霉、抗紫外线、无静电等性能,其中亚麻是代表。但由于麻面料易皱,柔软度不足,因此目前较少在内衣上使用。

(3) 毛

毛的保暖性好,舒适、柔软而富有弹性,不易起静电。但强度低,耐磨性差,因为纤维表面有鳞片,所以亲肤性差。目前仅在保暖型内衣上有少量使用。

(4) 丝

丝面料质地柔软光滑,手感柔和、轻盈,花色丰富多彩,穿着凉爽舒适。在衬裙、睡衣等内衣上使用较多,也可用于文胸和内裤的外层面料。

2. 常用的化学纤维面料

现代内衣用得最多的是化纤材料,如涤纶、锦纶、粘胶纤维、莱卡等。化纤材料可利用面料的组织结构和混纺,实现良好的弹性、光泽和柔软度。其中弹性对于塑型内衣来说尤为重要。

可做内衣的化纤材料及其特点见表 1 - 1。

表1-1　常用内衣化纤材料的特点与用途

成分名称	特　点	用　途
氨纶	高弹性、弹性回复率高达90%，耐酸耐碱。吸湿性差，不能单独形成面料，多用于以氨纶为芯纱的包芯纱，称为弹力包芯纱。	广泛用于内衣，女性用内衣裤，休闲服，运动服，短袜，连裤袜等。
锦纶（尼龙）	回复性好，当拉伸至3%～6%时，弹性回复率可达100%，手感柔软，色彩鲜艳，容易上色，耐磨性能高。耐光性差，日晒易发黄、易起静电，吸湿性差。	可纯纺或与其他面料混纺，在内衣生产中使用。也常用于文胸定型纱。
涤纶	强度好，弹性小，吸湿性差，染色性不稳定。	可纯纺或混纺，用于制作各种内衣。
腈纶纤维	腈纶是聚丙烯腈纤维的简称。性能近于羊毛，手感柔软、温暖、耐霉烂、不虫蛀。可纯纺或同羊毛及其他纤维混纺生产纺织品或其他工艺用品。	可纯纺也可混纺，制成多种毛料、毛线、运动服等。
丙纶纤维	质地轻，强度高，保暖性好。弹性小，吸湿性差。	可以纯纺或羊毛、棉或粘纤等混纺混织来制作各种衣料，用于各种针织品，如织袜、手套、针织衫、针织裤。

（二）内衣常用面料具体品种

1. 针织面料

针织面料按照工艺来分可分为纬编和经编两种，纬编针织面料使用更为广泛。纬编针织面料常以棉、粘胶纤维、涤纶、锦纶等为原料，采用平针组织、变化平针组织、罗纹平针组织、双罗纹平针组织、提花组织等，在各类内衣中使用。

经编面料主要是用尼龙制成类似丝质的面料，无弹性、悬垂性好、光滑、不易起皱，穿着轻盈飘逸。主要适用于春夏季春衬裙、文胸的罩杯、三角裤等。

针织面料质地柔软、吸湿透气、弹性优良、加工方便。针织内衣穿着舒适、贴身合体、运动自如，能充分体现人体曲线。

2. 弹性布料（拉架布）

拉架布是内衣里最为常用的一种布料，又可分为滑面拉架和网眼拉架，主要含量是尼龙、氨纶，特点是经度方向弹力强，纬度方向稍弱，强调的是收塑体型的功能，适用于文胸的后拉片、束裤、连体束身衣等。

3. 定型纱

主要含量是锦纶，无弹性，强度高，保型性能好。主要起固定作用，用于文胸侧比和鸡心部位。

4. 花边

花边又称蕾丝，一般分为经编花边和刺绣花边，用来做面料，可用于产品各部位或作装饰性点缀。常用品种有列韦斯花边、拉舍尔花边等。

5. 莱卡

莱卡是由美国杜邦公司独家发明并注册生产的人造弹力纤维，它是氨纶的一种，可以自由拉长至原有的4～7倍，并能够迅速回复到原有长度。由于莱卡舒适而回弹性好，可使内衣更加合体贴身。莱卡与其他天然纤维或化纤交织的混纺面料，在文胸、内裤、泳衣上广泛使用。

6. 莫代尔

莫代尔纤维是奥地利兰精（Lenzing）公司开发的真木纤维素纤维，其特性是手感柔软滑爽，色泽纯正,透气,易打理。常用来制作背心、内裤等。

7. 竹纤维

竹纤维吸湿透气性强,高效抗菌,防紫外线,天然环保,竹纤维内衣不紧绷,不易松弛,贴身舒适。

二、内衣的辅料

1. 钢圈

钢圈用于文胸和束衣罩杯的捆碗处。钢圈有各种规格,适合不同尺寸和体型的需要。钢圈有软硬之分,软的钢圈较窄,适合于胸部比较小的女性;硬钢圈相对较厚,适合于胸部较丰满的女性。钢圈有归拢和支撑胸部的作用,使女性的胸部更有型、更丰满。

2. 肩带

肩带通常是由织带厂根据内衣的色彩加工出成品肩带,缝制时只需要裁剪出所需长度,缝合即可。另外,还可以根据设计专门制作或细或粗的肩带,甚至双肩带和透明肩带。

3. 肩带扣

肩带扣是肩带和内衣连接的部件,有两种类型:一是可拆卸肩带,其肩带扣形如"9"字形,一头是活口,肩带可以拆下;二是固定肩带,其肩带扣形如"8"字形,肩带无法拆卸;三是连接扣,扣形如"O"形或"△"形。如图 1-16 所示。

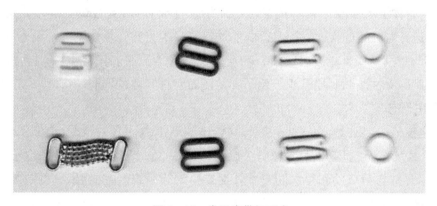

图 1-16 常见肩带扣形式

4. 钩扣

内衣的钩扣通常用在后片中心位置,有时也在前胸中心。文胸的扣件有单扣、双扣及多扣之分。一般内衣的扣件有三排,相间 1.2 cm,可用三排挂扣来调节内衣的松紧。

5. 小装饰件(花仔)

小装饰件是内衣上的装饰物,形状细小、精致,如各种形状的蝴蝶结,金属吊坠等,钉在前胸鸡心位上沿。

6. 捆条

捆条是一种布条,作用是遮盖缝头,包裹钢圈等,用于罩杯肩夹弯和捆碗处,其成分多为涤纶或棉。最常用的材质是边纶布和色丁。边纶布是一种经编起绒布,绒感细致均匀,可减少衣物与皮肤之间的摩擦力及压力。色丁面料手感柔软,色泽光亮,穿着舒适,也适合做捆条。

7. 橡筋

一般采用含氨纶成分较高的拉架材料做成,一般用于肩带、后拉片的上下边、内裤的裤腰、脚口等部位。

第二章　人体体型与内衣基本纸样

第一节　人体体型分析

　　人体的体型是由骨骼结构、肌肉和脂肪决定的,遗传基因也是影响人体体型的重要因素。人体体型影响人的姿态和步态,也直接影响性吸引力。这是因为体型暗示了人的荷尔蒙水平,暗示着繁殖力和性激素水平等。

　　从青春期开始,男性和女性体型就出现差别。骨骼在人到成年后停止生长,这是无法改变的;肌肉群可以通过运动改变,脂肪分布则与激素变化有关,后两者有可塑性,可通过内衣结构、面料弹性等束紧或使其产生位移。

一、女性体型特征

　　从 13～16 岁开始,女性开始第二性征的发育,到 17～19 岁发育成熟。对于女性,皮下脂肪沉积是形成女性特有体型的重要因素。从青春期开始至性成熟期,女性体型逐渐定型。此后,一方面,脂肪组织内进行着旺盛的代谢;另一方面,脂肪在全身的分布也发生变化。随着年龄的增加,皮下脂肪在躯干部,特别是腹部增多,四肢减少,肥胖女性尤为显著。年轻女性,脂肪呈全身性分布,但更年期以后,肥胖女性脂肪明显沉积于躯干部。随着女性年龄的增长,其体型也在发生变化。

　　1. 女性乳房形态与结构

　　女性的乳房位于胸大肌上,通常是从第二肋骨延伸到第六肋骨的范围,内侧到胸骨旁线,外侧可达腋中线。乳房的位置,随着年龄的增长会出现一些变化。成年女性的乳房位于胸大肌上的浅筋膜中,上、下缘分别与第二肋和第六肋齐平。主要由结缔组织、脂肪组织、乳腺、大量血管和神经等组织构成,如图 2-1 所示。

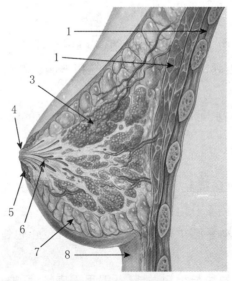

1	胸壁
2	胸大肌
3	乳腺小叶
4	乳头
5	乳晕
6	乳腺管
7	脂肪
8	皮肤

图 2-1　女性乳房结构

（1）乳腺组织：成年女性乳腺组织由 15～20 个乳腺叶组成，其主要功能是泌乳，还具显示女性特征的作用。乳腺叶由许多乳腺小叶构成，乳腺小叶含有很多腺泡。

（2）脂肪组织：脂肪组织包裹整个乳腺组织（乳晕除外），脂肪组织层厚则乳房大，反之则小。

（3）结缔组织：即连接胸部浅筋和胸肌筋膜的纤维束，起支撑和固定乳房的作用。

（4）血管、淋巴管和神经：乳房含丰富的血管和神经，血管和淋巴管的主要功能是供给养分和排除废物。神经与乳房皮肤的感觉器相连，感知外界刺激。

女性乳房的基本形态可分为扁平型、标准型、半球型、圆锥型和下垂型。

根据医学美学的研究，一个中等身材的女性，乳房基底直径为 10～12 cm，乳房高度为 5～6 cm，是最美丽的乳房。发育良好的女性乳房，乳头大，表面略呈桑葚状外观。乳头的位置在乳房美中起着重要作用：乳头纵向大约位于锁骨中线第五肋骨至第五肋间范围；乳头与黄金分割率（0.618）有着密切的联系，乳头连线是锁骨平面至双腹肌沟中点平面的黄金分割线，乳头处于黄金分割线上的位置是最完美的。两乳头距离大约为 20～40 cm，乳头到胸骨中线的距离为 10～13 cm，距胸骨切迹 20～40 cm，距乳房下皱襞 5.0～7.5 cm。这种理想的乳房形态正是文胸、骨衣等美体内衣希求通过内衣结构改变人体体型而达到的目的。

2. 女性其他体型特征

一般来说女性有六种常见体型：A 型、V 形、H 型、X 型、对 A 型（菱型）和 O 型，如图 2-2 所示。其中 X 型是女性理想体型，又称沙漏形。胸、腰、臀是女性体型变化的曲点，三者围度的对比决定了这六种体型。

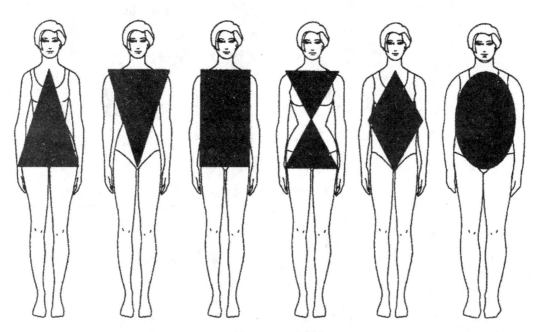

图 2-2　女性常见体型

女性在青春期臀部变宽，便于生育，骶骨短而宽，更偏向后背，这影响了她们的步态，走路时臀部摇摆幅度更大。女性上肢在肘部有一个向外的角度，以适应宽骨盆。青春期后，女性的臀部一般比肩部宽，男性则相反。但并不是每个人都按照这个规律生长。每个人体内都有雄性激素和雌性激素，其中一个发挥主导作用，另一个在一定程度上对体型也有影响。

体型受脂肪分布影响，女性在后臀、侧臀和大腿上积聚脂肪。而随着饮食习惯、运动和荷尔蒙水平的变化，肌肉和脂肪的分布也经常变化。雌性激素使脂肪容易堆积在后臀、侧臀和大腿上。当女性到了更年期时,雌性激素变少脂肪从臀部和腿部转移到腰部,然后到腹部。女性一般腰围较小、臀围较大。

二、男性体型特征

男性的第二性征发育从 14 岁开始,到 20 岁左右时发育成熟。随着年龄增长,男性的肩部、胸部和背部肌肉增幅较大。

男性在青春期肩部变宽,胸廓变大,使他们可以吸入更多的空气,为肌肉提供更多氧分。男性脂肪容易出现在腰腹部。

男性最常见的内衣品种是内裤、保暖内衣和休闲家居服,其中内裤和保暖裤的裆部结构与女性内衣截然不同,内裤裆部设在身体的前部,通过分割线和省结构,形成包容男性生殖器官的合体结构。

三、男女体型特征比较

男女体型特征有着较大的差异,主要体现在颈肩部、胸廓部、腰部、臀部和四肢的造型上。男性躯干部上大下小,肩部较宽而臀部较窄,同时具有粗壮的骨骼和健硕的肌肉。女性躯干部上小下大,乳房突出,腰线较长,臀部较宽,股骨和大转子的结构比较明显。男女骨盆结构如图 2-3 所示,体型特征对比见表 2-1。

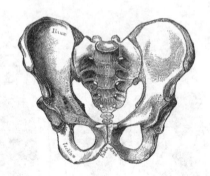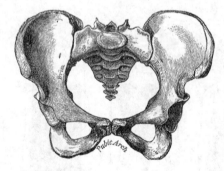

图 2-3 男女骨盆结构对比

表 2-1 男性与女性体型特征对比

身体部位	男性体型特征	女性体型特征
颈肩部	颈部形体方正,肩宽平阔	颈部上细下粗,整体细长,肩窄且肩斜度较男性大
胸廓部	胸廓长、宽厚,腰际线位置低	胸廓短、窄、薄,腰际线位置高
腰部	胸廓部下边缘至髂嵴的长度略短于女性	胸廓部下边缘至髂嵴的长度略长于男性
臀部	大多肩宽于臀	臀下弧线位置较低,肩臀同宽
四肢	上肢、手足显得粗壮;下肢显得长而健壮	上肢、手足较修长;下肢显得粗短

第二节　人体尺寸测量

人体尺寸是纸样的制图依据,是纸样设计的基础。由于内衣是贴身穿着的,部分内衣品种,如文胸、内裤、束衣、束裤、泳衣等,直接贴合人体,没有放松量,因此测量的人体部位要求更多、更细,对数据的准确性要求更高。

目前我国尚未制定内衣的关键部位尺寸表。在打板前,除了查找相关的国外制图尺寸,或采用已有的经验数据之外,进行大量的人体测量,掌握人体每一个部位的尺寸、积累数据,是非常有必要的。这对制图和样板复核以及对人体的理解都有很大的好处。

在测量人体时,应保证被测者穿着贴身的内衣,自然站立,双臂下垂,不得收腹、后仰等。测量用皮尺应不紧不松,在测量围度时,以刚好能插入一个手指的松紧度为宜。人体测量部位如图2-4所示。

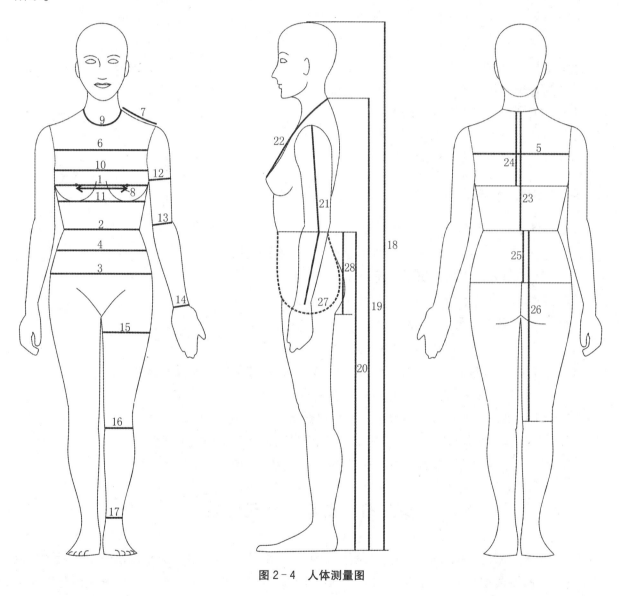

图 2-4　人体测量图

一、横向测量部位与方法

1. 胸围:经过两个乳点,沿人体水平测量一周;

2. 腰围:在人体腰部最细处水平测量一周;

3. 臀围:在人体臀围最粗处水平测量一周;

4. 中腰围:在腰围与臀围之间的1/2处,水平测量一周;

5. 背宽：在后颈围线和后胸围线之间的 1/2 处，从左侧的手臂与人体躯干交界线，水平测量至右侧；

6. 胸宽：在前颈围线和前胸围线之间的 1/2 处，从左侧的手臂与人体躯干交界线，水平测量至右侧；

7. 肩宽：从侧颈点测量至肩点；

8. 乳间距：两个乳点之间的水平距离；

9. 颈围：沿颈根部，测量其围度一周；

10. 上胸围：经过腋下点，沿乳房的上边界轮廓测量一周；

11. 下胸围：经过乳房下边缘，水平测量一周；

12. 上臂围：测量上臂最粗处围度；

13. 肘围：测量肘部围度；

14. 腕围：测量腕部围度；

15. 大腿围：测量大腿最粗处围度；

16. 膝围：测量膝盖部围度；

17. 足踝围：测量足踝部围度。

二、纵向测量部位与方法

18. 身高：从头顶测量至地面的长度；

19. 颈椎点高：从第七颈椎点处测量至地面的长度；

20. 腰围高：从腰围线测量至地面的长度；

21. 全臂长：从肩点，经过肘突点，测量至腕骨的长度；

22. 后颈点至前胸围：从后颈点开始，沿人体曲线，测量至前胸围的长度；

23. 背长：从后颈点测量至腰围线的长度；

24. 后颈点至后胸围：从后颈点开始，沿人体曲线，测量至后胸围线的长度；

25. 腰围到臀围：从腰围线测量至臀围线的长度；

26. 腰围到膝围：从腰围线测量至膝围线的长度；

27. 全裆长：从腰围前中心线，沿人体裆部，测量至腰围后中心线的长度；

28. 股上长：从腰围测量至裆线的长度，常采用坐姿，测量从腰围线到椅面的长度。

第三节 常用人体尺寸表

人体尺寸和服装号型规格是服装纸样制图的基础，对纸样的准确性有根本的影响。我国先后实施过三套服装号型标准，分别是 GB1335－81，GB1335－91 和 GB1335－97。国家服装号型标准中定义："号"指人体的身高，以厘米为单位，是设计和选购服装长短的依据；"型"指人体的胸围和腰围，以厘米为单位，是设计和选购服装肥瘦的依据。同时以人体的胸围与腰围的差数为依据，定义了四类人体体型，体型分类代号分别为 Y、A、B、C，代表偏瘦、正常、偏胖和肥胖等四种人体。

我国服装号型标准制定了身高、颈椎点高、坐姿颈椎点高、全臂长、腰围高、胸围、腰围、臀围、肩宽等控制部位，公布了一系列人体测量尺寸表格。但是仍然存在人体测量部位设置不全的问题，同时也缺乏内衣用制图尺寸表，因此需要参考其他国家的常用制图尺寸表作为补充。下列的两个表格分别是欧洲(英国)和亚洲(日本)的常用服装制图尺寸表,在后面的纸样制图中,可参考这两个表格,得到相应尺寸。

一、英国常用制图尺寸表(表2-2)

表2-2　英国常用制图尺寸表　　　　　　　　　　单位:cm

码数	8码	10码	12码	14码	16码	18码
胸围	80	84	88	92	96	100
腰围	60	64	68	72	76	80
臀围	86	90	94	98	102	106
中腰围	80	84	88	92	96	100
背宽	34	35	36	37	38	39
胸宽	31.5	32.5	33.5	34.5	35.5	36.5
肩宽	12.4	12.7	13	13.3	13.6	13.9
乳间距	16.8	18	19.2	20.4	21.6	22.8
颈围	35.5	36.5	37.5	38.5	39.5	40.5
上胸围	74	78	82	86	90	94
下胸围	67	71	75	79	83	87
上臂围	26	27	28	29	30	31
肘围	22.2	23.6	25	26.4	27.8	29.2
腕围	15	15.5	16	16.5	17	17.5
大腿围	48	51	54	57	60	63
膝围	32.2	33.6	35	36.4	37.8	39.2
足踝围	21.8	22.4	23	23.6	24.2	24.8
身高	159	161.5	164	166.5	169	171.5
颈椎点高	140.4	142.2	144	145.8	147.6	149.4
腰围高	100.4	101.7	103	104.3	105.6	106.9
全臂长	56.4	57.2	58	59.6	60.4	61.2
后颈点至前胸围	33.5	34	34.5	35	35.5	36
背长	40	40.5	41	41.5	42	42.5
后颈点至后胸围	21	21.2	21.4	21.6	21.8	22

续表

码数	8 码	10 码	12 码	14 码	16 码	18 码
腰围到臀围	19.4	19.7	20	20.3	20.6	20.9
腰围到膝围	58.4	59.2	60	60.8	61.6	62.4
全裆长	61	63.5	66	68.5	71	73.5
股上长	26.4	27.2	28	28.8	29.6	30.4

二、日本常用制图尺寸表(表2-3)

表2-3 日本常用制图尺寸表　　　　单位：cm

	S		M		ML		L		LL
	5A1	5A2	9A1	9A2	13A2	13AB3	17A2	17AB3	21B3
胸围	76		82		88		94		100
下胸围	70	68	74	72	77	80	83	84	90
腰围	58	58	63	63	69	72	75	78	84
臀围	78	82	82	86	89	91	94	98	100
中臀围	84	86	88	90	94	97	98	100	102
臂根围	36		37		38		40		41
臂围	24		26		28		28		30
肘围	26		28		29		30		31
腕围	15		16		16		17		17
掌围	19		20		20		21		21
头围	55		56		57		57		57
颈根围	35		36		38		39		41
总肩宽	38		39		40		41		41
背宽	34		35		37		38		38
胸宽	32		34		35		37		39
胸点间距	16		17		18		19		20
身高	150	155	155		155	160	155	160	160
颈椎点高	130	133	133		133	138	133	138	138
背长	36.5	37.5	37.5		38	39	38	39	39
后腰节长	39	40	40		40.5	41.5	40.5	41.5	41.5
前腰节长	38	40	40		41	42.5	41	42.5	42.5
胸高位置	24		25		27		28		29
臀长	17		18		18		20		20
股上	25		26		27		28		29

续表

	S		M		ML		L		LL
	5A1	5A2	9A1	9A2	13A2	13AB3	17A2	17AB3	21B3
股下	63	67	67		67	70	66	70	70
全臂长	50		52		53		54		54
肘长	28		29		29		30		30
腰围线至膝盖	54	56	56		56	58	56	58	58
体重	45		50		55		63		68

第四节 内衣的号型规格

一、文胸的号型规格

文胸号型通常由一个数字和一个字母组成：数字代表女性下胸围尺寸，字母代表罩杯代码。如70A，75B，80B，85C等，这种标注一般用于工业化生产产品，而不在定制文胸和嵌入式文胸中使用。

(一) 文胸的号

文胸的号是指下胸围的大小，表示方法多种多样。一般来说，美国/英国以30、32、34、36等表示；澳大利亚/新西兰以8、10、12、14等表示；欧洲/日本以65、70、75、80等表示；西班牙/法国/葡萄牙以80、85、90、95等表示；意大利/捷克以0、1、2、3等表示；我国采用日本和欧洲的标准来标注。

在这里要注意的是：欧洲/日本使用的65、70、75、80等数字是指下胸围的尺寸为65 cm、70 cm、75 cm、80 cm等。美国/英国使用的30、32、34、36等是按照英寸制，在下胸围英寸数的基础上增加4～5，测量下胸围遇奇数时加5，遇偶数时加4。如测量下胸围尺寸为29英寸，那么文胸的号为34；如果是28英寸，则为32。我国多数地区采用日本的标注方法，同时也存在着与英美相同的标注方法。下胸围尺寸与各国文胸号之间的对应关系见表2-4。

表2-4 下胸围与各国文胸号之间的对应关系

下胸围尺寸(cm)	58～62	63～67	68～72	73～77	78～82	83～87	88～92	93～97	98～102	103～107	108～112	113～117	118～122	123～127	128～132	133～137	138+
欧洲、日本、中国	60	65	70	75	80	85	90	95	100	105	110	115	120	125	130	135	140
法国、比利时、西班牙	75	80	85	90	95	100	105	110	115	120	125	130	135	140	145	150	155
意大利	0	1	2	3	4	5	6	7	8	9	10	11	12	13	14	15	16
美国、英国	28	30	32	34	36	38	40	42	44	46	48	50	52	54	56	58	60
澳大利亚、新西兰	4	6	8	10	12	14	16	18	20	22	24	26	28	30	32	34	36

人体体型与内衣基本纸样

（二）文胸的型

文胸的型是指罩杯的大小，是人体胸围与下胸围之间的差量，用字母 A、B、C、D 等代码表示。字母代码代表的差量值见表 2-5。

表 2-5　字母代码与文胸的型的对应关系

字母代码	A	B	C	D	E
胸围与下胸围的差量(cm)	10	12.5	15	17.5	20

比 A 杯小的罩杯是 AA 型，胸围与下胸围之间的差量是 7.5 cm。不同国家以及不同生产厂商之间，对文胸的号型标注存在着巨大的差别。罩杯尺寸越大，差异也越大。

（三）文胸号型的表示方法

如胸围 90 cm，下胸围 75 cm，那么上胸围与下胸围差为 15 cm，文胸的号型表示方法为 75C。

不同的国家，表示的方法有所差别。各国文胸号型的对应关系见表 2-6。

表 2-6　各国文胸号型的对应关系

美国/英国	澳大利亚	法国	意大利	欧洲/日本	国际
32A	8A	85A	2A	70A	XXS
32B	8B	85B	2B	70B	XS
32C	8C	85C	2C	70C	S
32D	8D	85D	2D	70D	S
34A	10A	90A	3A	75A	XS,S
34B	10B	90B	3B	75B	S
34C	10C	90C	3C	75C	S,M
34D	10D	90D	3D	75D	M
36A	12A	95A	4A	80A	M
36B	12B	95B	4B	80B	M
36C	12C	95C	4C	80C	M,L
36D	12D	95D	4D	80D	L
38A	14A	100A	5A	85A	L
38B	14B	100B	5B	85B	L、XL
38C	14C	100C	5C	85C	L,XL
38D	14D	100D	5D	85D	XL

（四）文胸的中间号型

据调查，女性人体中，占比重最大的文胸尺寸是 34B(75B)。美国的一项调查数据显示，文胸尺

码为 34B 的人群最大,其次是 34C。34 码的人群占 63%,B 罩杯占 39%。另一项调查数据为:

- AA 罩杯: 2%
- A 罩杯: 15%
- B 罩杯: 44%
- C 罩杯: 28%
- D 罩杯: 10%
- DD 罩杯: 1%

随着国家和种族不同,文胸的中间号型存在着较大的差异。据某文胸品牌的市场调查,在英国,57% 的女性穿 D 罩杯的文胸。不同国家女性文胸号型的分布比率见表 2-7。

表 2-7　不同国家女性文胸号型的分布比率

国家	D	C	B	A
英国	57%	18%	19%	6%
丹麦	50%	19%	24%	7%
荷兰	36%	27%	29%	8%
比利时	28%	28%	35%	9%
法国	26%	29%	38%	7%
瑞典	24%	30%	33%	14%
希腊	23%	28%	40%	9%
瑞士	19%	24%	43%	14%
澳大利亚	11%	27%	51%	10%
意大利	10%	21%	68%	1%

在企业生产中,多以 75B 作为女性的中间号型。

(五) 文胸号型规格的简要介绍

1916 年,罩杯(cup)这个术语在两个专利申请中出现才开始使用。

1931 年和 1932 年文胸上的钢圈装置申请专利,但直到二战后金属的缺点改善后才被广泛使用。

20 世纪 30 年代,扣眼和钩扣位置多选的可调节绑带出现。

罩杯代码 1932 年发明,而下胸围尺寸的使用在 20 世纪 40 年代开始普及。

1932 年 10 月,S. H. 公司(S. H. Camp and Company)将乳房大小和下垂程度用字母 A、B、C、D 来表示,其表示方法在 1933 年 2 月出版的《紧身衣和内衣评论》里得以介绍并推广。那时的表示方法只适用于从 A 到 D 的,最大下胸围尺码为 38 码的女性,而没有适用于更大胸围的女性的标准。

1937 年,华纳(Warner)公司将 A、B、C、D 罩杯标示方法加入其产品线。另一些公司在 20 世纪 30 年代末也开始生产标示 A、B、C、D 罩杯。而作产品目录的公司直到 20 世纪 50 年代仍用小、中、大号表示。英国也直到 20 世纪 50 年代才接受美国标准。

20 世纪 30 年代,邓禄普化学实现了将橡胶、乳胶变为弹力线的技术。40 年代后,涡流形,或称同心形缝纫线迹在一些文胸的罩杯结构设计中使用。人造纤维很快因易打理的特性在服装工业中广泛应用。因为文胸必须经常清洗,易打理的特性尤为重要,其他生产商逐渐跟进。

1937 年,定制公司"安卓(André)"首次在无肩带文胸上加入钢圈。1933 年,美国著名的内衣公司媚登峰(Maidenform)开发了无缝罩杯文胸,但直到 1949 年才使用罩杯尺码。

下胸围测量方法由美国文胸制造商在二战后创造,那时美国妇女理想的沙漏体型,尺寸是 36 英寸、24 英寸、36 英寸(91 cm、61 cm、91 cm)。生产商想出了使用衬垫增加女性胸围的方法,帮助女性使她们的尺寸符合这个标准,使女性着装后的体型与理想体型接近。

下胸围应在没有任何人工成分的情况下准确测量,但是当测量的数据是奇数时,应算成最接近的较大的偶数。女性测量出什么尺寸,就是她该穿的文胸尺寸,但是应知道每个文胸生产商的尺码是不同的,不同的款式在合体度上也会有差别。即使罩杯容量一样,形状、位置也会不同。

(六) 现用文胸号型的局限性

据不同国家的调查研究,约有 80％～85％的妇女穿着不合适的文胸。这是由于每个女性的乳房形状、大小、对称和乳点高低、间距变化等差别相当大。即使是专业人士,对同一个妇女应该穿什么尺码的文胸也会意见相左。

例如,大部分妇女的乳房是多少有些不对称的。90％的妇女存在乳房不对称的问题,这使获得正确的文胸号型变得更加复杂。25％的妇女呈现出可辨别的不对称,5％～10％的妇女乳房严重不对称,其中 62％的人左侧乳房大。女性的乳房大小和形状不但会受到月经周期的影响,而且还会受到怀孕、增重或减重等的影响,一些女性的乳房每个月会发生 10％的变化。

在英国的一项针对 103 名想做乳房塑型的妇女的调查中,研究者发现肥胖与不准确的背部测量之间的联系。他们的结论是,肥胖、乳房肥大、时尚流行和文胸合体性问题,使那些原本最需要文胸功能的人,得到了最不合体的文胸。调查中的妇女选择了过大的罩杯和过小的下胸围尺寸。另一些研究显示,很多妇女选择了过大的后胸围尺寸和过小的罩杯,比如本应是 34E,却穿 38C,本应是 30D,却穿 34B。

另一个使问题更加复杂的因素是,下胸围和罩杯尺寸并不标准,生产商之间互不相同,使文胸大小只能近似合体。妇女不能仅依赖文胸标牌去判断其是否合体。

生产商们有不同的裁剪方法,比如,两个不同公司的 34B 可能不适合同一个妇女。而一个妇女可能穿某一个公司的 38H,或另一个公司的 38FF。主要的区别在于罩杯尺寸如何变化,是 2 cm 或 1 英寸(2.54 cm),有的是 3 cm。与成衣不同,文胸没有国际化标准。在实际操作中,不同的生产商会调整文胸尺寸大小,以满足消费者的心理需求,一个穿 12 码的女性,可能穿 8 或 10 码。根据品牌不同,8 码的连衣裙可以适合下胸围 34～38 英寸的女性穿着。即使同一个品牌,同样的号码也有不同尺寸。因为生产商标准不同,而文胸号型表并不完全准确,加上每个妇女自身体型的不同,寻找一个合适的文胸其实是比较复杂的。

科学研究显示,现有的文胸号型是很不恰当的,甚至医学研究也说明了完全合体的难度。但尽管如此,工业化生产仍需要定出号型,以便批量生产。这也为内衣材料和技术的改进提出了挑战。

二、其他内衣的号型规格

1. 女式内裤

内裤的号型规格一般按照人体的腰围尺寸和臀围尺寸来定(表 2 - 8)。因我国尚未制定内衣类号型国家标准,因此有些企业使用国际通用码标注内裤号型,如:32、34、36、38…,有些企业用数字或用字母来表示:S、M、L、XL、XXL…或 64、70、76、82、88…等。

表 2-8 女式内裤号型规格表

号型(数字)	64	70	76	82	90
号型(字母)	S	M	L	XL	XXL
腰围(cm)	61~67	67~73	73~79	79~85	85~91
臀围(cm)	80~88	85~93	90~98	95~103	100~108

2. 女式腰封(表 2-9)

表 2-9 女式腰封号型规格表

号型(数字)	64	70	76	82	90
号型(字母)	S	M	L	XL	XXL
腰围(cm)	61~67	67~73	73~79	79~85	85~91

3. 女士家居服、睡袍号型标准(表 2-10)

表 2-10 女式家居服、睡袍号型规格表

号型(数字)	155/80A	160/84A	165/88A	170/92A	175/96A
号型(字母)	S	M	L	XL	XXL
身高(cm)	153~158	158~163	163~168	168~173	173~178
胸围(cm)	78~82	82~86	86~90	90~96	94~100
腰围(cm)	58~63	63~68	68~73	73~78	78~83

4. 女士泳衣、沙滩裙/裤号型标准(表 2-11)

表 2-11 女士泳衣、沙滩裙/裤号型规格表

号型(数字)	155/80A	160/84A	165/88A	170/92A	175/96A
号型(字母)	S	M	L	XL	XXL
身高(cm)	155~160	160~165	165~170	170~175	175~180
胸围(cm)	77~82	82~87	87~92	92~97	97~102
臀围(cm)	80~88	85~93	90~98	95~103	103~111

5. 男士内裤(表2-12)

表2-12　男士内裤号型规格表

号型(数字)	165/80	170/85	175/90	180/95	185/100
号型(字母)	XS	S	M	L	XL
腰围(cm)	77~82	82~87	87~92	92~97	97~102
臀围(cm)	87~91	92~96	97~100	100~103	103~106

6. 男士泳裤、针织沙滩裤(表2-13)

表2-13　男士泳裤、针织沙滩裤号型规格表

号型(数字)	165/80	170/85	175/90	180/95	185/100	190/105
号型(字母)	XS	S	M	L	XL	XXL
腰围(cm)	77~82	82~87	87~92	92~97	97~102	102~107
臀围(cm)	87~91	92~96	97~100	100~103	104~106	106~108

7. 男士家居服(表2-14)

表2-14　男士家居服号型规格表

号型(数字)	165/90	170/95	175/100	180/105	185/110
号型(字母)	XS	S	M	L	XL
身高(cm)	165~170	170~175	175~180	180~185	185~190
胸围(cm)	88~93	93~98	98~103	103~108	108~113
腰围(cm)	77~82	82~87	87~92	92~97	97~102

第五节　内衣通用基本纸样与分析

通过服装结构设计,获得科学合理的纸样,是服装生产过程中最关键的环节之一。内衣结构设计要考虑的因素很多,包括:

(1) 人体的基本尺寸。首先,服装必须适合人体。纸样是服装衣片的模板,在长度上应参照人体各个部位的距离,在围度上应以人体的基本尺寸为基准数据考虑。

(2) 面料的弹性与厚度。内衣面料弹性差别很大,既有无弹性的梭织面料,也有低弹性、中等弹性和高弹性的各种针织面料、拉架布等。无弹性和低弹性的面料,一般用在家居服和某些内衣的组成部件上,在结构设计时,必须在人体基本围度的基础上,加入必要的放松量,才能使内衣满足人体的生理活动和运动,使人体穿着舒适、运动自如。一般来说,家居服等宽松型内衣可在净胸围的基础上加放 10 cm,净臀围的基础上加放 6 cm,作为上装和下装的基本放松量。

为了达到束身、塑型和合体的目的,内衣上大量使用中等弹性和高弹性的面料。在确定纸样制

图尺寸时,应该在人体净尺寸的基础上,减小衣片的围度,利用面料的弹性,达到与内衣、与人体完全贴合的效果。一般来说,可以使用"人体净围度÷面料舒适拉伸率",作为制图尺寸。例如一般针织面料舒适拉伸率为25%,则低腰内裤纸样在腰围上的尺寸,可以用"中腰围÷1.25"来确定制图数据。

(3) 款式上的特殊设计。服装因款式各异的设计而丰富多彩,在确定了内衣的基本围度、长度等外形轮廓数据后,分析款式上的分割线、褶裥,恰当地运用结构的原理和技巧进行处理,是服装结构设计的重点和难点。特别是与人体紧密贴合的内衣,对分割线的设置部位和形态要求非常严格,更应仔细地研究和分析,掌握其变化规律,通过多实践,提高结构处理的能力。

服装的打板方法有定寸法和原型法两种,其中原型法的科学性和普遍的适用性已经经过多年的论证,为纸样研究者所推崇。内衣虽然廓型各异,但正因为如此,建立一套通用的基本纸样,代替人体轮廓,成为各种内衣确定轮廓和省量的标尺,其意义才显得尤为重要。

日本文化式原型在我国推广最早,应用广泛,研究全面、深入,其与人体的对应关系明确,放松量适中,可以作为内衣的通用基本纸样,辅助制图。当然,其他各式原型,也都可以使用,但在使用时,需要做部分尺寸的校对。

一、内衣通用基本纸样(图2-5~图2-8)

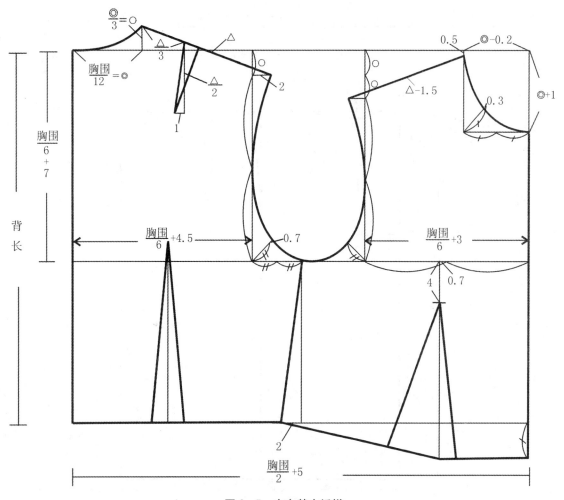

图2-5 衣身基本纸样

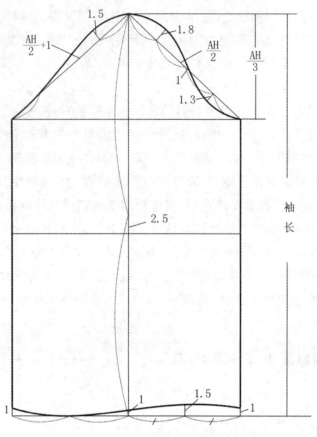

图 2-6　袖子基本纸样

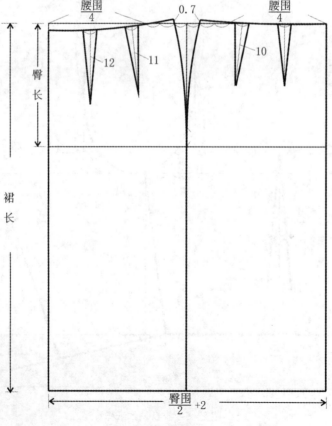

图 2-7　裙子基本纸样

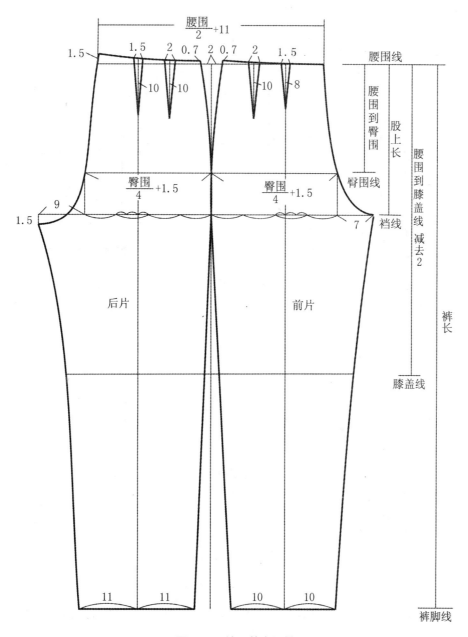

图 2-8　裤子基本纸样

需要指出的是,图 2-8 的裤子基本纸样是专用于休闲廓型的裤子,如家居休闲裤、睡裤等。与常见的西裤基本纸样相比,这个裤子的纸样臀围放松量和裆宽增大,裤腿宽松,穿着舒适性好。

二、内衣基本纸样衣身的结构处理

由于前衣身基本纸样(前片)的腰围线是折线,无法直接绘制长款服装纸样,所以需先将部分腰省转移至其他部位,使腰围线成为一条直线。具体处理的方法有如下几种:

1. 将前片腰围线最下端与后片腰围线对齐,侧缝画成垂直线。量取前后侧缝之间的长度差量,在腋下以省的形式处理掉。这个省相当于乳房凸起量形成的省(图 2-9)。

2. 如服装廓型宽松,不需要强调前身乳房凸起,则可不用全部使用前衣身纸样的长度。将其长度在腰线处减去 1～2 cm,对齐后片腰线,量取前后侧缝之间的长度差量,在腋下以省的形式处理掉。这时前片长度比人体实际前身长略短,造型略松,偏平面化(图 2-10)。

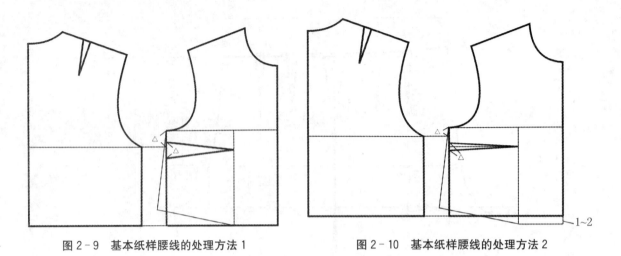

图 2 - 9　基本纸样腰线的处理方法 1　　　　图 2 - 10　基本纸样腰线的处理方法 2

3. 很多服装款式没有腋下省，也没有其他可以处理腋下省的结构。遇到这种情况，可以将前片腋下点下调，修改袖窿线，使腋下省包含进袖窿中。这种处理适合前胸、袖窿等处较为宽松的服装（图 2 - 11）。

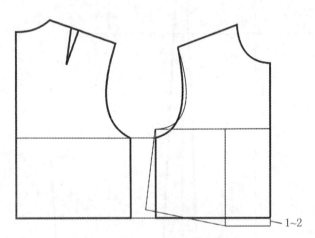

图 2 - 11　基本纸样腰线的处理方法 3

4. 有时可根据款式需要，将腋下省转移至纸样其他部位，比如肩线，使腋下省转变成肩省（图 2 -12、图 2 - 13）。

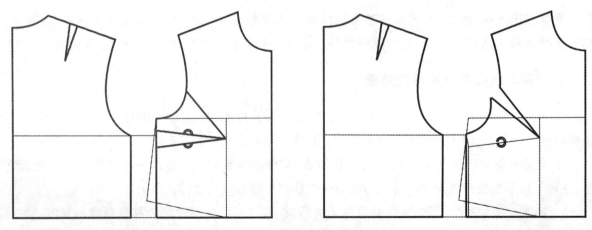

图 2 - 12　腋下省转成肩省

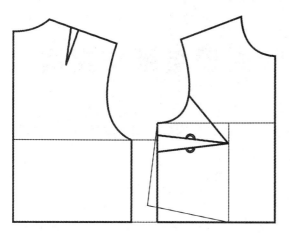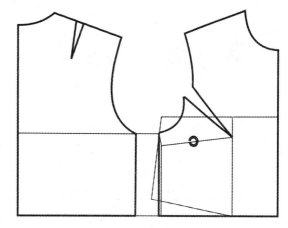

图 2 - 13　腋下省转成袖窿省

三、内衣基本纸样的连身形式(图 2 - 14)

内衣品种中,连身衣、睡裙、泳衣等都是上下身相连的。图 2 - 14 将部分腰省转移至肩线,从腰围线向下量出裙长。在距离腰围线 20 cm 处画出臀围线,确定臀围线上的制图尺寸为"臀围＋8 cm",裙摆各向外打开 3 cm。最后,将腰围上多余的松量在前片、后片和侧缝收起,使腰围更加合体。

经过处理,这个纸样的胸围放松量为 10 cm,臀围放松量 8 cm,腰围放松量 10 cm,各部位留有一定的舒适放松量,同时又比较合体。适用于家居休闲装、睡裙,也可辅助做骨衣、泳衣的结构设计。

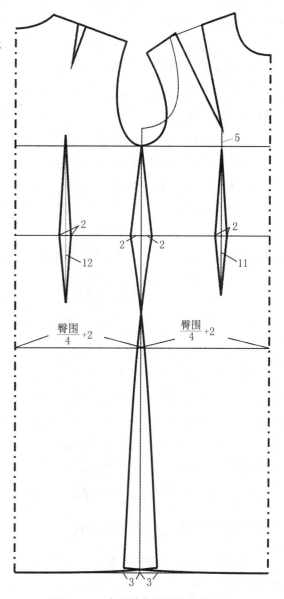

图 2 - 14　内衣基本纸样的连身形式

第三章 文胸结构设计原理与纸样实例

文胸是内衣主要品种之一,它的作用是容纳和支撑女性胸部,同时辅助调整胸部形态。文胸的纸样处理技术有一定的难度,主要体现在以下几个方面:

(1) 人体乳房是不规则体,且每个女性的乳房形态都存在差别;

(2) 文胸完全贴合人体,几乎没有任何松量可供调整;

(3) 文胸的主体结构罩杯覆盖的人体部位有呼吸、运动等人体生理活动,这就要求文胸在合体的同时,还要保证满足人体舒适性的需要;

(4) 文胸不仅要符合人体,还要塑造人体,要对乳房施加向上或内聚等作用力,这些作用力依靠文胸的结构实现。当乳房受外力影响后,会产生一定的变形,如何确定文胸施加的作用力与乳房塑型后的形态之间的关系是非常复杂的,现在还没有相关的研究成果。

如前文所述,文胸一般由罩杯、肩带、鸡心、后拉片等四大部分组成。其中肩带、后拉片一般由高弹性面料制成,覆盖的人体部位平服;鸡心面积较小,形状固定,因此这三者的纸样处理难度不大。而罩杯覆盖的人体不规则,有生理活动,塑型要求高,因此罩杯是文胸的主体结构,也是纸样处理难度最高的部位。

在文胸实际生产中,罩杯纸样多是依靠纸样处理人员的经验,并通过多次实人试体才能确定,没有通用的原理。消费者在购买时也必须试穿多款文胸,才能挑选到完全适合自己的文胸。因此可以说,目前文胸打板技术理论研究也较缺乏,有很大的改进和提高空间。

文胸的常见打板方法有定寸法(十字制图法)、原型法和立体裁剪法等三种。其中定寸法使用最为广泛;利用通用的衣片原型(如文化式原型)绘制文胸纸样的原型法在国外著作和国内一些科研论文中早有讨论,但由于原型打板法本身在企业中应用不广,所以未能得到很好的利用;立体裁剪法在国外和国内的一些有实力的内衣生产企业中采用。

第一节 定 寸 法

定寸法是目前文胸打板常用的方法,即以定寸为主要手段,以胸点为原点,确定好各轮廓点的位置,从而获得罩杯、鸡心和后拉片等的纸样。这种打板方法的优点是简单易学,特别是初学者,能快速熟悉文胸各部位的组成结构和常用尺寸,适合根据文胸实物或尺寸表打板的来料来样型企业;缺点是原理性不强,依赖经验,初学者往往知其然而不知其所以然,较难灵活运用。

一、文胸基本款式及各部位名称

选取基本款式为全杯,高鸡心,有下扒,直比的常见款式,杯面有一个向下的省(称为罩杯省),如图3-1所示。各部位的名称如图

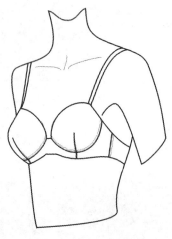

图3-1 文胸基本款式

3-2、图3-3和表3-1。

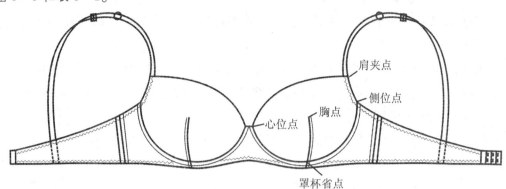

图 3-2　文胸罩杯各控制点名称

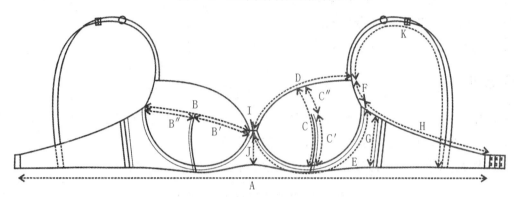

图 3-3　文胸各制图部位名称

表 3-1　文胸各部位名称

字母	部位名称	字母	部位名称
A	下胸围	E	下杯边(捆碗)
B	杯宽	F	肩夹弯
B′	前杯宽	G	侧高
B″	后杯宽	H	上比围
C	杯高	I	鸡心上宽
C′	下杯高	J	鸡心高
C″	上杯高	K	肩带长
D	上杯边		

文胸各部位的测量与说明(☆代表主要制图部位)：

☆A——下胸围：将文胸放平，从一侧的钩扣端点测量到另一侧的钩扣端点(包括钩扣)。

☆B——杯宽：从心位点开始，沿罩杯表面，经过胸点，测量至侧位点。

☆B′——前杯宽：从心位点开始，沿罩杯表面，测量至胸点。

☆B″——后杯宽：从侧位点开始，沿罩杯表面，测量至胸点。

C——杯高：从罩杯下边缘底点，沿罩杯表面，经过胸点，测量至上杯边。

☆C′——下杯高：从罩杯下边缘底点，沿罩杯表面，测量至胸点。

C″——上杯高：上杯高由于没有确定的测量点，因此在必要时，可以采用 C-C′ 的数据。上杯高跟文胸款式直接相关，而与人体尺寸关系很小，因此在文胸制图中直接使用的情况较少。

D——上杯边：从心位点沿罩杯轮廓测量至肩夹点。这个尺寸在制图中很少使用。

E——下杯边（捆碗）：从心位点沿罩杯下边缘轮廓测量至侧位点。这个长度在制图中获得，与钢圈尺寸直接相关。

F——肩夹弯：从肩夹点沿罩杯轮廓测量至侧位点。这个尺寸在制图中很少使用。

☆G——侧高：从侧位点垂直测量至下胸围。

H——上比围：沿后拉片上围曲线测量。

☆I——鸡心上宽：鸡心上端边缘的宽度。

☆J——鸡心高：鸡心中线的长度。

☆K——肩带长：肩带的长度。

二、制图数据

采用定寸法制图，必须获得文胸各个部位的尺寸，具备齐全的制图表。以胸点为圆心，测量或设定各轮廓点到胸点的距离，连接轮廓点，得到文胸纸样。

如以 75B 为中间号型，一般来说文胸各部位的制图尺寸见表 3-2。

表 3-2　文胸罩杯制图尺寸及说明　　　　　　　　　　　　　　单位：cm

制图部位	制图尺寸	说　明	
杯宽	20	由于乳房边缘轮廓不清晰，且乳房脂肪有一定的弹性变形和受压能力，因此取值可定为 19.5～20.5 cm。	
前杯宽	9	一般取值范围：杯宽/2-（0～1）	在杯宽/2 的基数上变化的前后杯宽尺寸，决定了文胸罩杯胸点的横向位置，因而决定了罩杯的内聚效果。
后杯宽	11	一般取值范围：杯宽/2+（0～1）	
下杯高	9	一般为 7.5～9.5 cm，人体的乳点距下胸围的尺寸一般为 7.5 cm 左右，下杯高的尺寸决定了文胸罩杯胸点的纵向位置，因而决定了罩杯的上推效果。	
罩杯省大小	10	一般为：杯宽/2±1，经验数值，当数值变化时，决定了文胸罩杯的高度。一般人体乳房高是 5～6 cm，如乳点发生变化或有文胸加衬垫时，罩杯高会发生变化。	

三、基本款式的纸样

1. 罩杯的制图过程（图 3-4）

（1）确定胸点为作图原点 O

画一条水平线，在水平线的中间任意取一个点做原点，这个点也将是罩杯的胸点。

（2）找出心位点 A，画前杯宽直线

心位点 A 距离原点 O 纵向距离 2 cm，直线距离为前杯宽 9 cm，连接 AO。

（3）找出侧位点，画后杯宽直线

侧位点 B 距离原点 O 纵向距离 3.5 cm，直线距离为后杯宽 11 cm，连接 BO。

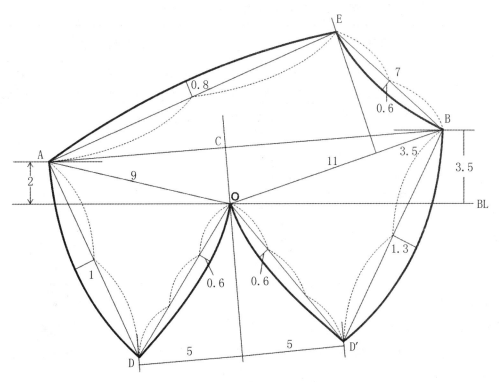

图 3-4　文胸基本款式罩杯纸样

（4）找出肩夹点 E，画出上杯边和肩夹弯曲线

在 BO 连线上，从 B 点量取 3.5 cm，做一条 BO 的垂线；从 B 点向垂线量 7 cm，交点为肩夹点 E；连接 AE、BE，并按图所示画成曲线。

（5）画罩杯省

从 O 点向 AB 连线做垂线，交于 C 点，垂线向下延长，为罩杯省的中线。在中线的左右两侧分别画两条距离为 5 cm 的平行线，从 O 点向两条平行线量取下杯高 8.5 cm，即为罩杯省的两个端点 D 和 D'。如图 3-4 所示，将罩杯省修正为曲线。

（6）画下杯边（捆碗）曲线，完成制图

连接 AD 和 BD'，修正为曲线。AD 和 BD' 为捆碗。

2. 鸡心和后拉片的制图尺寸及过程（表 3-3、图 3-5）

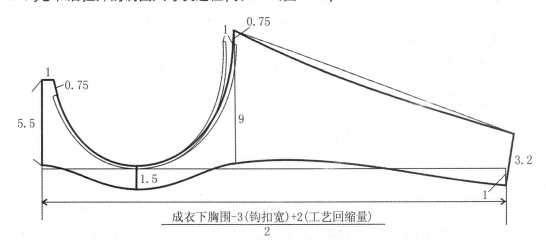

图 3-5　文胸基本款式鸡心和后拉片纸样

表3-3　文胸鸡心后拉片制图尺寸及说明　　　　　　　　　　　　　单位：cm

制图部位	制图尺寸	说　　明
成衣下胸围/2	30	人体净下胸围为75 cm，由于后拉片一般用中等弹性的针织弹性布料，因此成衣下胸围一般为人体下胸围×80%，约60 cm
鸡心上宽/2	1	鸡心上宽一般为0~2 cm
鸡心高	5.5	一般为0~5.5 cm
下扒长	1.5	一般为0~1.5 cm
侧高	9	一般为7.5~9 cm
钩扣宽	3	常用数
钩扣高	3.2	3.2~5.7 cm

（1）确定钢圈

直接起板法的鸡心和后拉片制图，必须以钢圈为基础。在打板时，既可以根据捆碗的长度，定制钢圈；也可以先选好钢圈，再根据钢圈的长度，调整修改捆碗的长度。不管是什么方法，钢圈长度＝捆碗长度－1.5 cm。其中1.5 cm是钢圈两端的封口打结和空隙量。

（2）画钢圈曲线

确定好钢圈后，摆正钢圈，将钢圈侧位点向外拉开1 cm，两端各向上延长0.75 cm，描出钢圈的内周曲线。向外拉开1 cm的作用相当于在侧位点位置设置了一个省，可使后拉片在侧位点位置更贴合人体。当钢圈穿入捆碗时，可将后拉片拉得更紧，加强文胸的固定作用。向上延长0.75 cm，即留出钢圈的封口打结和空隙量。

（3）画下胸围线和鸡心

画一条水平线，与钢圈底点相切。从钢圈曲线的左端点向左画出1 cm的水平线，为鸡心上宽/2。从水平线端点垂直画出前中心线，在中心线上量5.5 cm的鸡心高。

（4）画出后中心线，后拉片下边缘曲线和上边缘曲线

从前中心线与下胸围线的交点开始，量出下胸围制图尺寸(成衣下胸围－3＋2)/2，其中3 cm为钩扣的长度，2 cm为弥补针织布料在缝合中易出现的缝缩。从钢圈底点量出下扒长1.5 cm，侧高9 cm，后中心点向下1 cm。从鸡心下端点开始，连接这些辅助点，即得到后拉片下边缘曲线；

在曲线的右端点做一条垂直与曲线的直线，长为钩扣高3.2 cm，得到后中心线；

连接钢圈曲线右端点和后中心线上端点，修正为曲线，得到后拉片的上边缘曲线。

四、定寸法制图的结构分析

1. 定寸法基本纸样在衣片上的位置

将75B的罩杯纸样放在号型为165/88的衣片原型上，胸点对齐，可发现如图3-6所示的对应关系。

其中，由于人体正常下杯长(乳点至下胸围的长度)为7.5 cm，而罩杯为了对乳房上推，下杯长为8.5 cm，因此图中衣片胸围线定在袖窿深线下3 cm，即B＝3 cm，比衣片的原胸点抬高了1 cm。经测量，A≈1 cm，与鸡心宽2 cm的尺寸基本相符。

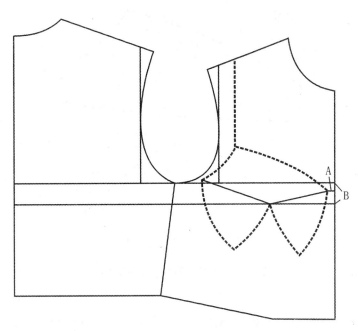

图3-6　定寸法文胸基本纸样在外衣原型上的位置

　　经肩夹点垂直向上画直线与肩线相交,即为肩带所在的位置。可看到,肩带的位置约在肩线的1/3处,比较合理。

　　由图可看出,定寸法罩杯原型是全杯,覆盖乳房的面积比较完整,轮廓点基本都在距胸点的最大值处。如改变其结构,应在原型纸样范围以内修改,而不宜扩大。

　　通过分析和观察这样的对应图示,可以辅助结构设计。比如在设定心位点位置时,可知心位点可在胸围线上下2.5 cm的范围内变化。侧位点可以向下1～1.5 cm,而不宜向上变化。

　　在做罩杯的结构处理时,不同的部位,其设计的侧重点也不相同。一般来说,以胸围线为分界线,乳房的上半部分形态较为规则,弧度平缓,接近于椎体;下半部分弧度变化大,接近于馒头形(图3-7)。因此,结构处理的难度和结构线形态是不同的。比如左右杯文胸,罩杯上的纵向杯骨线,在上杯的部分形态接近于直线,而下杯的部分形态则接近于抛物线,如图3-8所示。

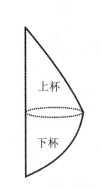

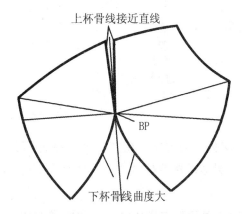

图3-7　乳房侧面示意图　　　　图3-8　左右杯罩杯的杯骨线弧度

　　同时,由于重力的作用,乳房的体积多聚集在下杯和两侧部分,因此罩杯的省量分配也不平均,下杯的省量大,上杯的省量小。即使是上下杯的横向杯骨线,也是下杯杯骨线的曲率大,如图3-9所示。

　　由此可见,结构处理的重点集中在下杯和前后杯,上杯一般仅做简单的款式外观设计,而很少

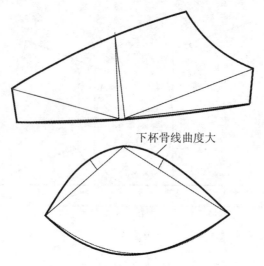

图 3-9　上下杯罩杯的杯骨线弧度

有乳房容量和塑型的处理。

同时,罩杯对乳房的塑型多为上推、内聚,这些作用力一方面通过肩带来实现,另一方面也需要罩杯配合,通过结构既提供相应的推聚力,又要对塑型后的乳房实现舒适包容。一般通过在罩杯下半部分和前半部分的省、杯骨线等结构处理,为乳房脂肪提供容量,从而达到塑型的作用。省的处理不同,为脂肪提供的"去处"不同,得到的罩杯外形也不相同。

例如图 3-10,曲线的曲度不同,左边的纸样使乳房脂肪集中在前杯,右边的纸样使乳房脂肪集中在后杯。

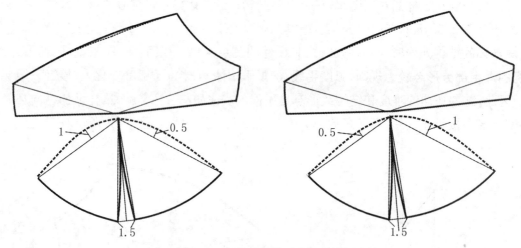

图 3-10　上下杯的杯骨线弧度影响罩杯造型

下面将对罩杯不同部位的结构设计规律进行分析。掌握如何改变制图尺寸,使罩杯款式产生变化,将对熟练灵活掌握罩杯纸样有很大的帮助。为便于分析,将罩杯各控制部位标出代号,见图 3-11。

2. 罩杯的宽度及胸点横向位置变化由①②控制(图 3-12)

在设计文胸时,罩杯覆盖胸部的横向面积(宽度)的大小,由杯宽尺寸(①+②)决定。由于乳房在乳点两侧堆积的脂肪多,因此杯宽尺寸变化不大,一般在 1 cm 范围内变化。75B 的中间号型,杯宽尺寸常取值 20 cm,变化范围为 19.5～20.5 cm。

罩杯是自然型还是内聚型,是其次应该考虑的问题。这决定了制图尺寸①前杯宽和②后杯宽

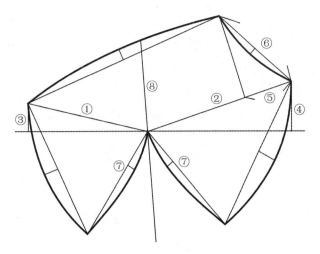

图 3-11 罩杯各控制部位代号

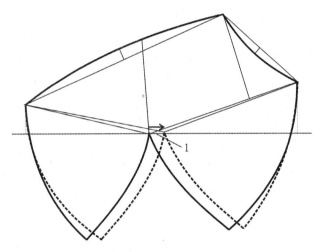

图 3-12 罩杯的宽度及胸点横向位置变化

如何取值。如果是自然型,则按照人体的自然形态,前后杯宽各占一半。以杯宽 20 cm 为例,前杯宽 10 cm,后杯宽 10 cm。而内聚型文胸,则应向胸内侧移动罩杯胸点,取值应为前杯宽＜后杯宽,如前杯宽 9 cm,后杯宽 11 cm。前后杯宽差量越大,胸点越靠近内侧,罩杯内聚的作用越明显。但一般差量不大于 2 cm。

3. 胸点纵向位置变化由⑦控制(图 3-13)

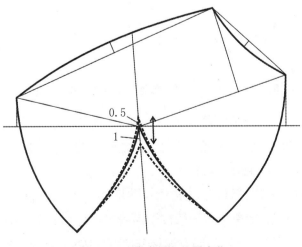

图 3-13 胸点纵向位置变化

文胸结构设计原理与纸样实例

罩杯上推乳房的塑型作用力通过⑦下杯高实现。人体正常乳点至下胸围的长度是7.5 cm。自然型的罩杯可以直接使用这个数据,向上推胸的罩杯可增大至9 cm,常见尺寸为8.5～9 cm。

4. 心位点纵向位置和上杯边形态由③控制(图3-14)

心位点的位置决定了罩杯的杯型,可以是水平杯或斜杯,全杯或3/4杯。心位点越靠下,罩杯的上边缘越倾斜,覆盖胸部的面积越小。心位点的纵向位置由③控制,可在胸围线上下2.5 cm的范围内变动。

当心位点在胸围线下2.5 cm左右时,由于位置很低,无法设置鸡心,因此文胸应为连鸡心文胸。

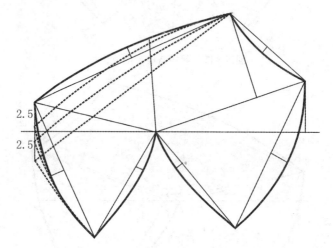

图3-14　心位点纵向位置和上杯边形态变化

5. 侧位点位置、侧高尺寸和肩夹弯形态由④控制(图3-15)

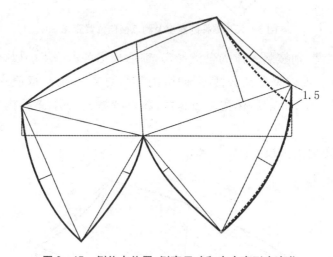

图3-15　侧位点位置、侧高尺寸和肩夹弯形态变化

侧位点位置比较重要,它是钢圈的右端点,是文胸的固定点之一,同时它也决定了侧高和肩夹弯的形状。定寸法罩杯原型的侧位点位置已较高,只能向下调整。一般向下的调整范围为1.5 cm。

6. 肩夹弯形态由⑤⑥控制(图3-16)

肩夹弯的形态属于款式外观设计,与结构的合体度等关系较小,可直接在原型上勾画出其形态。其中⑤与肩带的位置有关,肩带位置一般位于肩线靠近肩点的1/3处。因此,⑤的变化不应太大,建议向人体内侧的方向调整,最多1 cm。如反方向调整的话,肩带开度变大,肩带易滑脱。

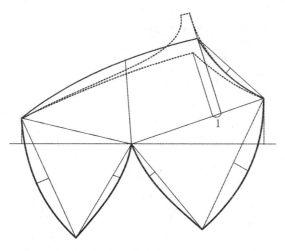

图 3-16　肩夹弯形态变化

⑥控制肩夹点的高度,由于与合体度无关,因此可以根据设计来确定这个尺寸,使罩杯增加变化,使设计更加丰富。

7. 一部分罩杯对乳房的作用力方向由⑧控制(图 3-17)

肩带方向、前后杯宽的差量等决定了罩杯对乳房的作用力,同时,罩杯省的方向也贡献一部分作用力。原型的罩杯省方向是垂直于心位点和侧位点连线的,对乳房是斜向上的作用力。也可以将罩杯省设置成垂直于胸围线的方向,则作用力是垂直向上的。

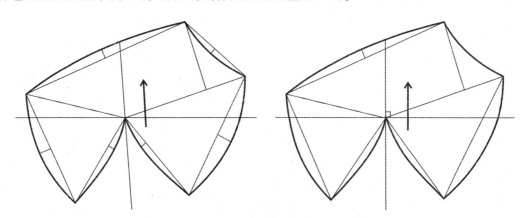

图 3-17　罩杯省方向的变化

五、定寸法罩杯结构设计步骤及实例

文胸罩杯结构设计可分为两大步骤:

首先,应确定罩杯覆盖胸部的面积和位置,即罩杯各个轮廓点距离胸点的距离;

其次,进行省位、分割线(杯骨线)的设置、原基本省位的合并和处理,主要任务是如何设置罩杯容量。

(一)确定文胸罩杯各轮廓点的位置

应考虑的因素有:

(1)确定罩杯覆盖胸部的面积:全杯,3/4 杯,5/8 杯,半杯等;

(2)确定罩杯的款式:有无肩夹,斜杯或水平杯,高鸡心、低鸡心或连鸡心等;

(3)确定罩杯的塑型功能:是否推胸、内聚或选择自然型;

1. 款式1(图3-18、图3-19)

3/4杯,有肩夹,斜杯,高鸡心,上推型文胸罩杯。

可以看出,本例心位点、肩夹点位置略低,覆盖胸部的面积没有原型大,属于3/4杯,罩杯省中线垂直向上,前后杯宽差量不大,形态比较自然。

图3-18 斜杯高鸡心上推型文胸款式图

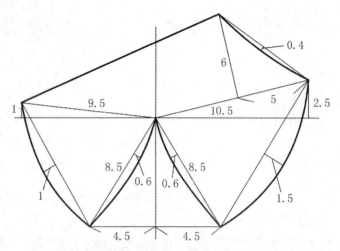

图3-19 斜杯高鸡心上推型文胸罩杯纸样

2. 款式2(图3-20、图3-21)

1/2杯,有肩夹,斜杯,连鸡心,上推型文胸罩杯。

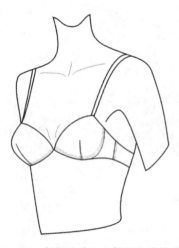

图3-20 斜杯连鸡心上推型文胸款式图

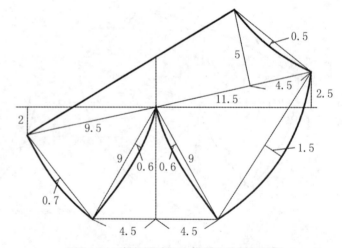

图3-21 斜杯连鸡心上推型文胸罩杯纸样

与实例1对比,可以发现,这个罩杯心位点非常低,没有留出鸡心位,是连鸡心,上杯边非常倾斜,覆盖胸部面积小,属于1/2杯,下杯高较大,方向垂直向上。这种罩杯能较好地实现上推的效果。

(二)省、分割线的结构变化规律与方法

(1) 设置罩杯的省、分割线(杯骨线)等;

(2) 处理罩杯的省、分割线的结构等。

在第一步已确定好新的轮廓点和轮廓线的基础上,设置新的罩杯省和杯骨线。处理方法是合并原有的基本省,将基本省量转移到杯骨线或新的省位上,然后根据情况改变杯骨线或新省的曲度,以容纳乳房脂肪容量。

下面以十字法罩杯原型为例,介绍和分析如何将基本省转化为各种杯骨线以及如何设置其曲度。

1. 基本款式转为左右杯(图3-22、图3-23)

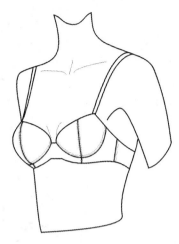

图3-22　左右杯文胸款式图

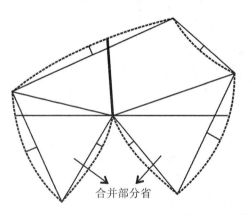 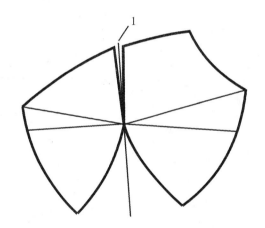

图3-23　基本款式转为左右杯罩杯

左右杯的杯骨线是纵向的,与基本省同向,可直接延长到上杯边,合并部分基本省,打开上杯边省。

一个省分割为两个省或更多省,会使服装的立体造型更加圆顺。因此,横向或纵向断开的杯骨线、T字杯、多省等款式,会使缝制后的罩杯造型更加圆顺贴体。

上杯边省的大小可自定,但一般不超过3.5 cm,否则将超过人体乳房上半部分的倾斜度,与人体不相吻合。

上杯边省也可以不打开,而只作为一个分割线,则罩杯的实际结构与原型是一样的,只是多了一条上杯边的分割装饰线。

2. 基本省转化为上下杯(图3-24、图3-25)

(1)根据设计,设置水平杯骨线;

(2)合并基本省,打开杯骨线;

(3)修改下杯的杯骨线弧度;

(4)测量下杯的杯骨线弧度,打开上杯杯骨线,补齐差量,使上下杯骨线长度相等。

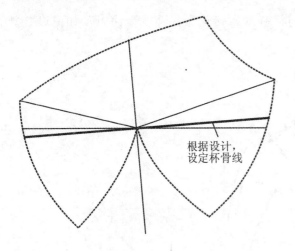
(1) 在基本纸样上设定杯骨线

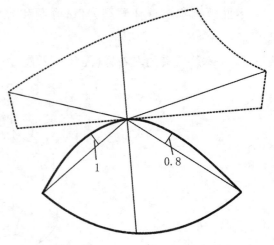
(2) 合并基本省位,打开杯骨线,修改为曲线

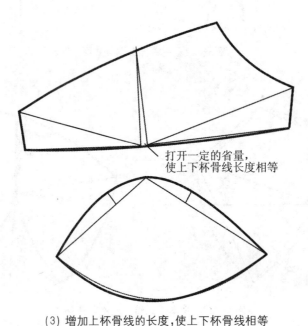
(3) 增加上杯骨线的长度,使上下杯骨线相等

图 3-24 基本款式转为上下杯罩杯

图 3-25 上下杯文胸款式图

上下杯的罩杯容量集中在胸点两侧,罩杯上推的作用比较明显。同时,由于乳房脂肪集中在下杯部分,因此下杯骨线的弧度较大。杯骨线的弧度设计见后文分析。

3. 基本省转化为 T 字杯(图 3－26、图 3－27)

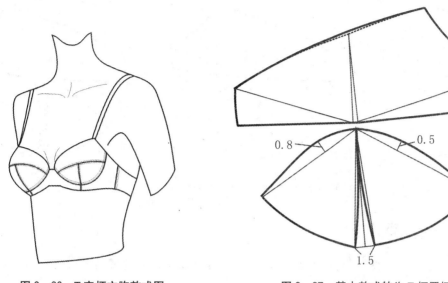

图 3－26　T 字杯文胸款式图　　　　图 3－27　基本款式转为 T 杯罩杯

设置水平杯骨线,并保留部分基本省,使罩杯杯骨成为 T 字形。同样打开上杯骨线,使上下杯骨线长度相等。

在设置省和杯骨线的曲度时,应注意:曲线的曲度越大,该部位容纳的容量越大。通过这个规律,在画每一条曲线时,可以有不同的处理方法,对应的罩杯形态和具体部位的容量也不相同。

从图 3－28 对比可看出,通过不同省的曲线变化,可以将罩杯容量做不同的分配。如左图的容量聚集在胸点两侧,而右图的罩杯容量主要在下杯。

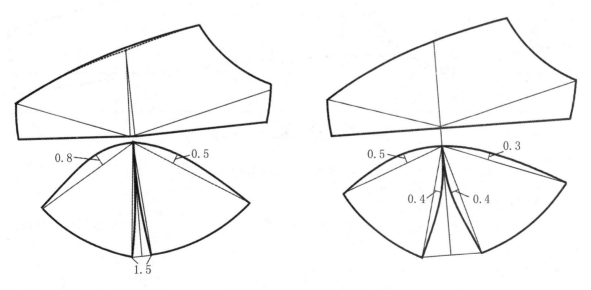

图 3－28　T 杯的不同处理

再如图 3－29 所示,左图是将曲线突出部位设置在中间部分,则罩杯容量不再聚集在胸点位置附近;中图将曲线突出部位设置在胸点外侧,则罩杯容量集中在外侧;右图的下杯曲线曲度大,则罩杯容量较多地分配在下杯处。图 3-29 的三个纸样仅供示意和分析,实际生产中甚少有这样的处理。

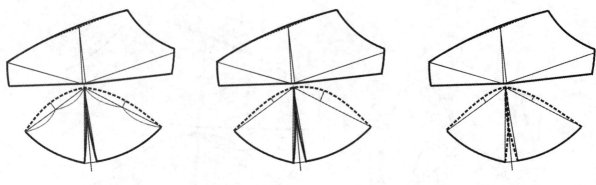

图 3-29　T 杯杯骨线的不同形态

六、鸡心后拉片的结构设计

鸡心和后拉片纸样款式变化不大,可以在基本纸样上,根据具体款式特点修改获得,也可以直接制图。

1. 无下扒款式

无下扒鸡心和后拉片在基本纸样上直接修改鸡心高和后拉片轮廓,其余尺寸均可不改变。其中鸡心的高度可以根据款式特点调整(图 3-30)。

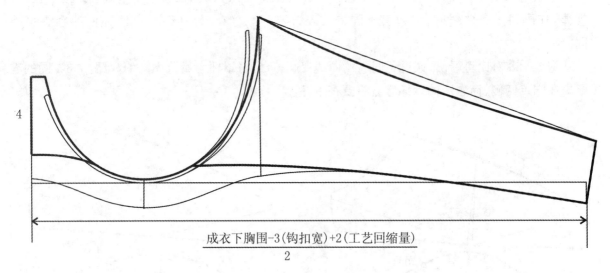

$$\frac{成衣下胸围-3(钩扣宽)+2(工艺回缩量)}{2}$$

图 3-30　无下扒鸡心和后拉片纸样

2. 连鸡心款式

连鸡心款式只需设计出后拉片的轮廓,但应该注意,侧高越高,文胸的固定和塑型功能越好(图 3-31)。

3. U 字后拉片

U 字后拉片的固定功能比一字型后拉片好。制图时,在距离后中心线 4.5 cm 位置(约在肩线靠近肩点 1/3 处),设计出 U 字轮廓(图 3-32)。

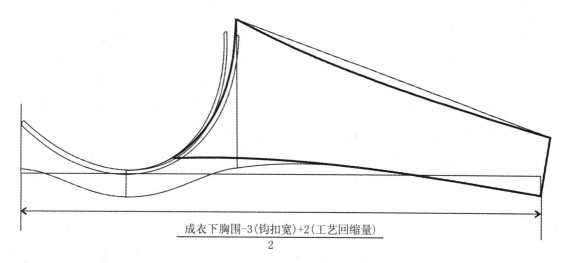

$$\frac{成衣下胸围-3(钩扣宽)+2(工艺回缩量)}{2}$$

图 3-31 无下扒鸡心和后拉片纸样

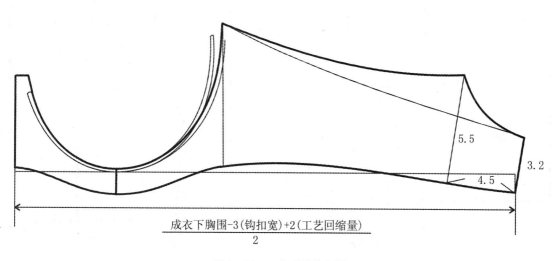

$$\frac{成衣下胸围-3(钩扣宽)+2(工艺回缩量)}{2}$$

图 3-32 U字后拉片纸样

第二节 原型法

人体形态比较复杂,特别是胸部,必须在纸样结构上进行细化处理。以文胸尺码 75B 为例,对应的人体胸围 86～88 cm,下胸围 74～76 cm,胸围与下胸围的差量约为 12.5 cm。对于肥胖人体来说,背部的差量小,胸部凸起量大,较瘦人体则相反。如采用同样的文胸纸样,必然会出现文胸不合体的现象。正因为现有的文胸纸样技术不够深入细致,导致了文胸合体程度低的问题。很多国外的调查研究发现,约 80% 的女性穿戴着不合体的文胸。

上述问题需要细分文胸纸样的各个部位,与人体严格对位,以便逐一分析,而定寸法在这方面的处理不够清晰和细腻,原型法可弥补这一弱点。

文化式原型在我国应用非常广泛,为服装从业人员所熟知,在文化式原型的基础上发展文胸基本纸样,在打板技术人员中推广应用可能性大,也更易被接受;其结构原理性强,衣片轮廓、省、放松量等相关技术理论发展完整和成熟;纸样与人体之间的对应关系清晰,有利于对文胸进行款式设计,理解其结构变化,实现结构创新。

一、文胸原型法基本纸样制图及分析

1. 将乳凸量造成的腰围线折线转为水平线,打开肩省(图3-33、图3-34)

根据文化式原型的结构原理,衣身前片的腰线为折线,是因为包含了由于乳凸量造成的省量。为了使罩杯结构更符合人体乳房类似圆锥形的凸起特点,同时使罩杯造型更加圆顺饱满,因此需将原型前片的腰围线转为水平,将乳凸造成的省量移出,转移到前肩线中点。

方法:将胸点到腰围线的垂直线剪开,同时将胸点到前肩线中点剪开。以胸点为中心点,把倾斜的腰围线转为水平线。肩线上打开的省即为由于乳凸造成的省。同时把侧缝修改为垂线。

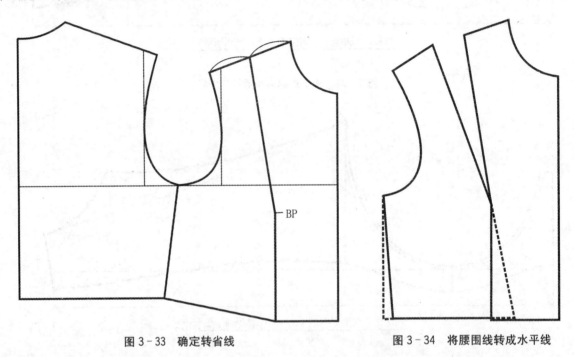

图3-33 确定转省线　　　　　　　图3-34 将腰围线转成水平线

2. 确定腰省(图3-35)

在衣身后片、侧缝和衣身前片上分别收腰省,使腰围线上剩余尺寸为净腰围。如以B表示胸围,W表示腰围,已知A型人体胸腰围差量为14~18 cm(常用16 cm),则不论胸围大小,收腰量均为(B+10)－W=26 cm。按照人体胸围到腰围的倾斜程度,收省量的大小关系为前片腰省>背部腰省>侧缝腰省。将26 cm的收腰量分别设定为前片腰省5.5 cm,背部腰省4 cm,侧缝腰省3.5 cm,以此为基准省量。当体型为Y型、B型、C型时,相应的省量调整见表3-4。

表3-4 不同体型的腰省量的调节数值　　　　　　　　　　单位:cm

体型	Y	A	B	C
胸腰差量	19~24(取22)	14~18(取16)	9~13(取11)	4~8(取6)
前片腰省	5.5	5.5	5.5	5.5
背部腰省	6	4	2.5	1.5
侧缝腰省	4.5	3.5	2.5	1

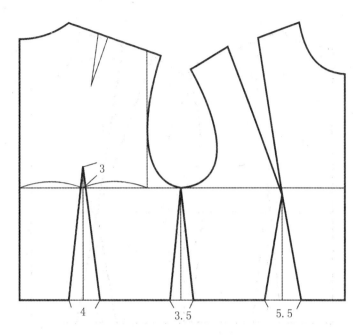

$$腰围线上的剩余尺寸 = \frac{腰围}{2} + 2$$

图 3-35 设置腰省

作图方法：

(1) 背部腰省：在背宽线到后中心线的中点上画垂线，省尖点在袖窿深线上 3 cm 处，省的大小为 4 cm；

(2) 侧缝腰省：侧缝收腰省，省量为 3.5 cm；

(3) 前片腰省：省尖点在胸点上，省量为 5.5 cm。

表 3-4 中与罩杯形态最直接相关的前片腰省量保持不变，原因在于乳房的大小与人体的胖瘦没有直接关系，对于偏瘦的 Y 体型，此省中所含的胸廓与腰围之间的差量比重较大；对于偏胖的 B 体型和 C 体型，胸部脂肪造成的胸部凸起量比重较大。

3. 重叠前后衣片的侧缝，去掉胸围放松量，确定新的侧缝线（图 3-36）

文胸是完全贴合人体的服装，与人体之间没有空隙，不需要放松量。因此原型胸围的放松量（10 cm）应去掉，使前后衣片在胸围线上的长度为人体的净胸围。侧缝线仍设在前后衣片的中线上。

4. 将肩省、后片腰省、前片腰省的省量均加宽一倍，确定胸宽线（图 3-37）

将所有省量加宽一倍的合理性算法如下：

乳房的形态可近似看作圆锥形，圆锥高即乳房的高度，圆锥的母线近似为罩杯的半径。号型为 75B 的人体乳房高度一般为 5～6 cm（取 5.5 cm），罩杯半径取下杯高 7.5 cm。可使用圆锥的计算公式，推算出圆锥的圆心角约为 57°，这个角度即罩杯肩省和前片腰省应达到的省夹角之和的近似值，如图 3-38(1) 所示。

以省的长度比例计算，肩省的省长约为 23 cm，前片腰省的省长为 15 cm，加上乳房由于重力原因下垂，造成胸点以上的倾斜度减小，省量也相应减小，因此肩省与前片腰省的收省角度按 1:2 分配，肩省的省夹角 17°，前片腰省的省夹角 40°，如图 3-38(2) 所示。

经过多次绘图实验和测量，使用上述作图方法得到的罩杯，其前片腰省的省夹角完全符合

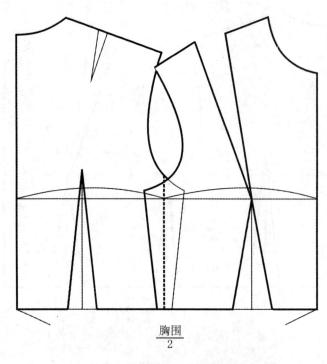

图 3-36 去掉衣片的胸围放松量

上述计算数值。肩省的省夹角测量为 $23°$，这是由于计算时默认肩部与腰围在同一平面上，而实际上肩部的位置偏离腰围平面，在深度方向与胸点的距离更大，导致角度变大，因此也是合理的。

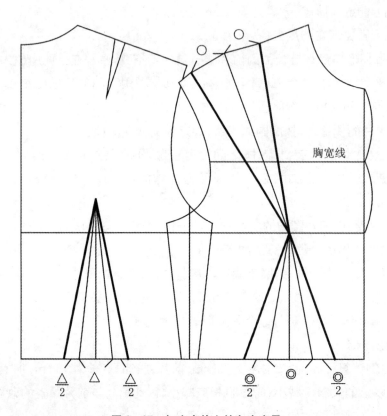

图 3-37 加宽衣片上的各个省量

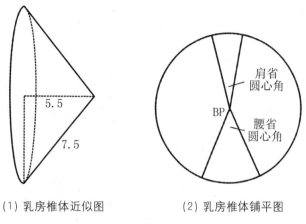

(1) 乳房椎体近似图　　(2) 乳房椎体铺平图

图 3 – 38　乳房椎体夹角与罩杯省夹角的示意图

5. 在衣片原型上,画出文胸的轮廓(图 3 – 39～图 3 – 41)

① 文胸上边缘:以胸围线为基准,前中心线向上 2.5 cm,上胸省(肩省)向上 9 cm,侧缝向上 3 cm,后中心线向上 1.5 cm;

② 文胸下边缘:以胸围线为基准,前中心线向下 2.5 cm,上胸省(肩省)向下 7.5 cm,侧缝向下 4.5 cm,后中心线向下 2 cm;

③ 肩带:在上胸省的省中线位置,画出前片肩带,后片肩带与前片肩带位置对应。肩带宽度一般为 1 cm。

文胸基本纸样的前中心高(对应鸡心高)、测高、钩扣宽、下杯高等,均以常见文胸各部位尺寸为参考。经过测量,本文胸基本纸样的下胸围为 75 cm,完全符合文胸号型标准。

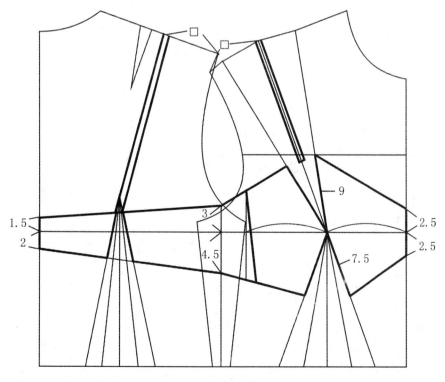

图 3 – 39　画出文胸基本纸样

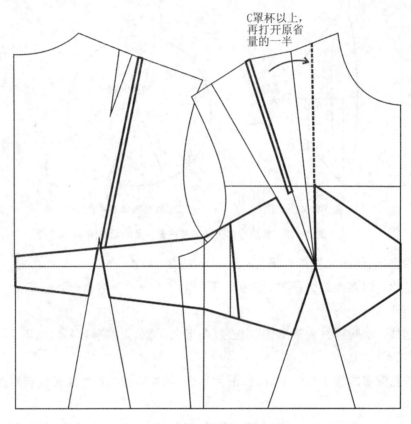

图 3-40 C罩杯增大省量

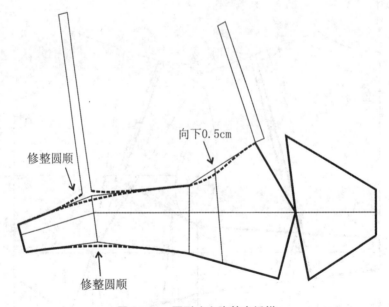

图 3-41 原型法文胸基本纸样

二、文胸实例

（一）无鸡心结构的文胸

居家穿用型或少女型、运动型文胸，一般讲求舒适，不需要鸡心、钢圈结构做塑型，可以直接在上述的文胸原型上根据款式直接进行结构设计。

1. 上下杯文胸(图 3-42)

（1）原型法的乳房省分布在纵向分割线里,本款式是横向分割线,应使用转移省的方法,将基本纸样的省转移到横向杯骨线中,如图 3-43(1)所示;

（2）合并基本纸样的省,打开横向分割线,用圆顺的曲线修正纸样,得到上下杯文胸罩杯纸样,如图 3-43(2)所示;

（3）如果文胸是夹棉文胸或内层放置模杯,则杯面的容量应增大。具体处理办法是在乳点位置剪开上下杯,加长杯骨线,这样可以使罩杯横向容量增加;同时增大上下杯的高度,增加罩杯的纵向容量,如图 3-43(3)所示。

图 3-42 上下杯文胸款式图

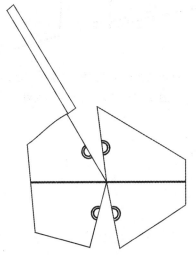

（1）横向剪开罩杯纸样,合并转移省

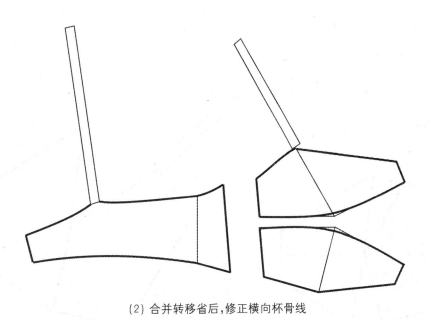

（2）合并转移省后,修正横向杯骨线

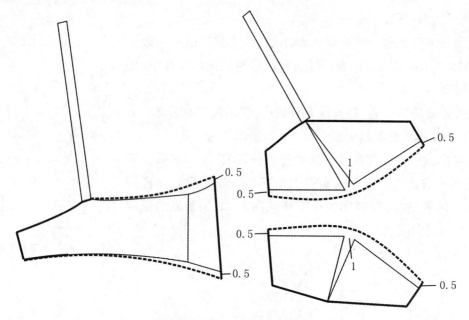

（3）夹棉文胸和模杯文胸,增加胸部凸起量

图 3－43　原型法上下杯纸样

2. 打褶杯文胸(图3－44)

（1）作图过程如图3－45所示。

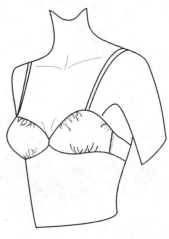

图 3－44　打褶杯文胸款式图

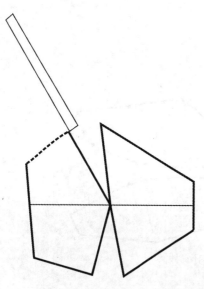

（1）在原型法罩杯基本纸样上作图

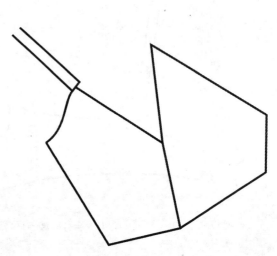

（2）将所有省量转移到罩杯上方

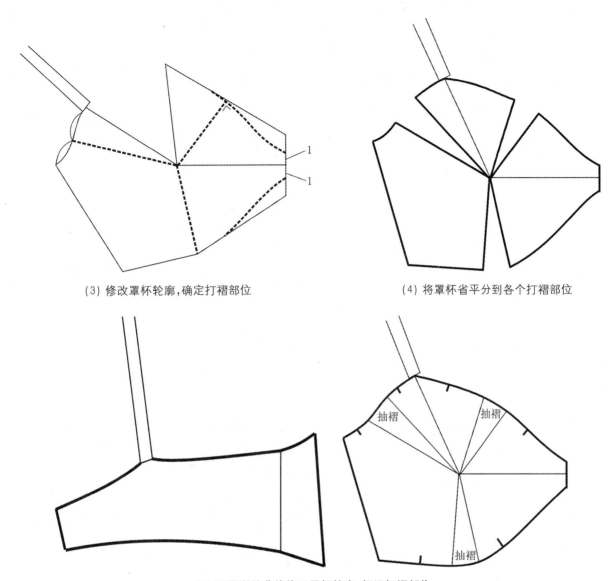

(3) 修改罩杯轮廓, 确定打褶部位   (4) 将罩杯省平分到各个打褶部位

(5) 用圆顺的曲线修正罩杯轮廓, 标记打褶部位

图 3-45　原型法打褶杯纸样

(2) 可灵活设置褶裥位置, 使用转省的原理和方法进行处理。

3. 三角形打褶杯文胸(图 3-46、图 3-47)

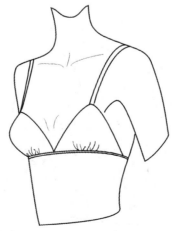

图 3-46　三角形打褶杯文胸款式图

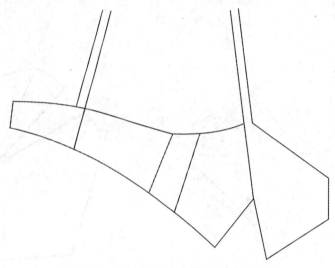

(1) 将罩杯基本纸样的省全部转移到下杯省位

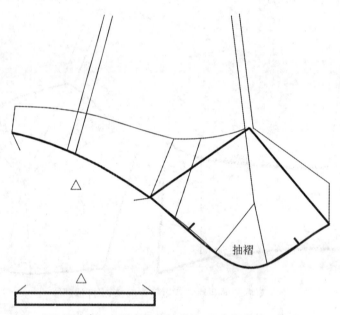

(2) 设计出三角形文胸的轮廓线,画出绑带式后拉片

图 3-47　三角形打褶杯纸样

4. 有鸡心无下扒的上下杯托胸型文胸(图 3-48、图 3-49)

图 3-48　上下杯托胸型文胸款式图

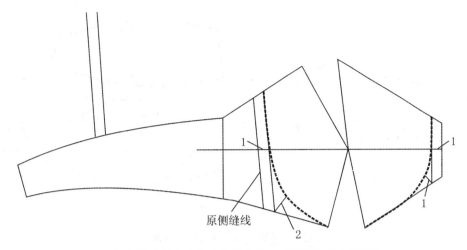

（1）根据款式在文胸基本纸样上设计出罩杯和鸡心轮廓线

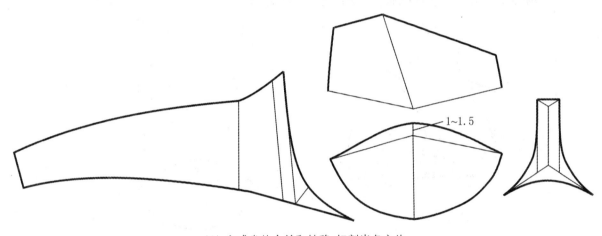

（2）完成省的合并和转移，切割出各衣片

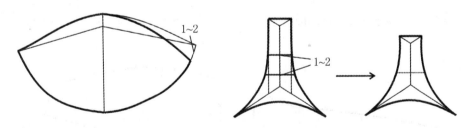

（3）增加下杯骨线的弧度，增强推胸效果，相应调整鸡心

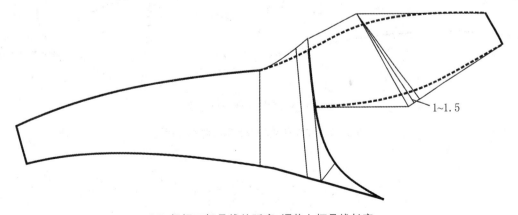

（4）根据下杯骨线的弧度，调整上杯骨线长度

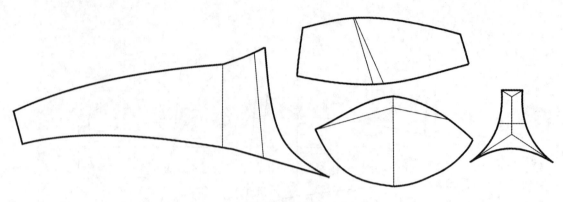

(5) 纸样完成图

图 3-49 上下杯托胸型文胸纸样处理过程

5. 有鸡心无下扒的 T 字杯托胸型文胸(图 3-50、图 3-51)

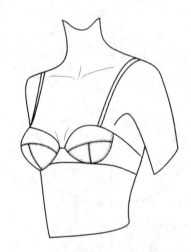

图 3-50 T 字杯托胸型文胸款式图

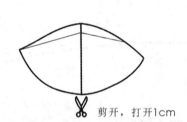

剪开,打开1cm

(1) 在图 3-49 的基础上,剪开下杯

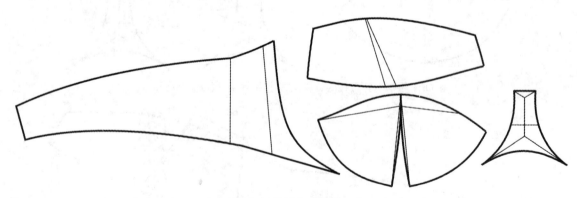

(2) T 字杯托胸型文胸纸样完成图

图 3-51 T 字杯托胸型文胸纸样处理过程

6. 有鸡心有下扒的上下杯托胸型文胸(图3-52、图3-53)

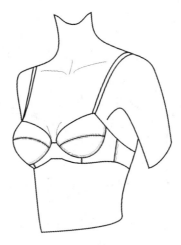

图3-52 有鸡心有下扒的上下杯托胸型文胸款式图

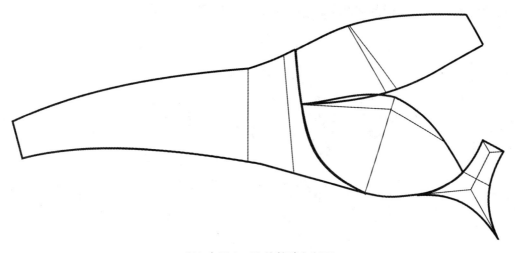

(1) 在图3-50的基础上制图

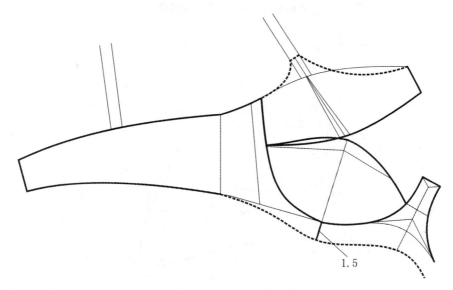

(2) 设计肩夹、鸡心轮廓线

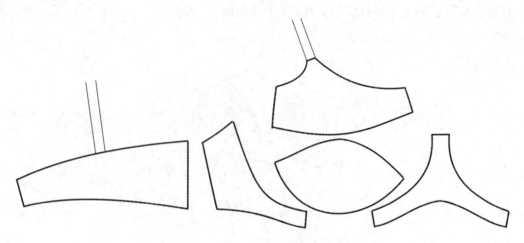

（3）上下杯托胸型文胸纸样完成图

图 3 - 53　有鸡心有下扒的托胸型文胸纸样处理过程

7. 连鸡心有下扒的单褶自然型文胸(图 3 - 54、图 3 - 55)

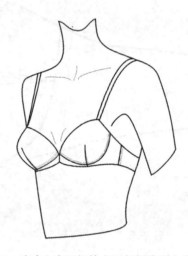

图 3 - 54　连鸡心有下扒的上下杯托胸型文胸款式图

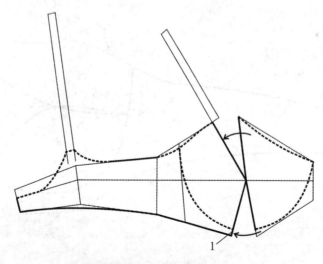

（1）在基本纸样上设计出鸡心和下扒轮廓线

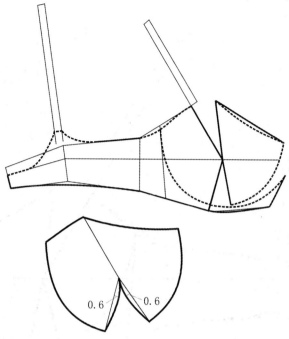

（2）合并鸡心和后拉片，合并省

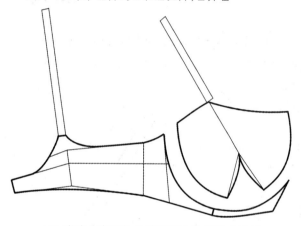

（3）连鸡心有下扒的单褶杯文胸纸样完成图

图 3-55　连鸡心有下扒的单褶杯文胸纸样处理过程

8. 高鸡心有下扒的左右杯自然型文胸（图 3-56、图 3-57）

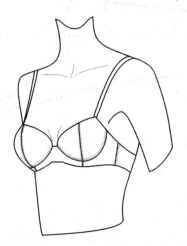

图 3-56　高鸡心有下扒的左右杯文胸款式图

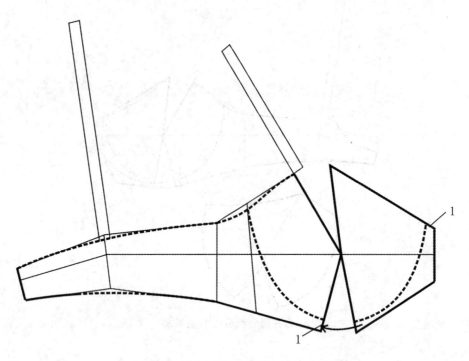

(1) 在基本纸样上设计出下扒和鸡心的轮廓线

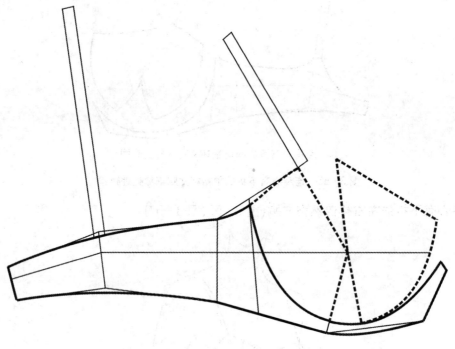

(2) 合并鸡心和后拉片

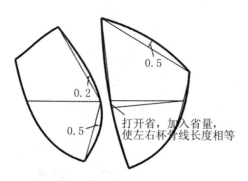

（3）修改左右杯骨线弧度

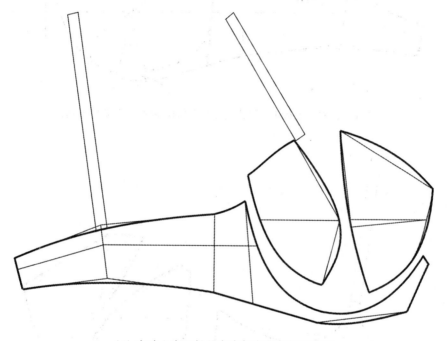

（4）高鸡心有下扒的左右杯文胸纸样完成图

图 3-57　高鸡心有下扒的左右杯文胸纸样处理过程

9. 高鸡心有下扒的斜向分割线文胸(图 3-58、图 3-59)

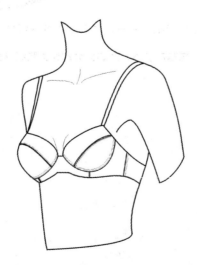

图 3-58　高鸡心有下扒的斜向分割线文胸款式图

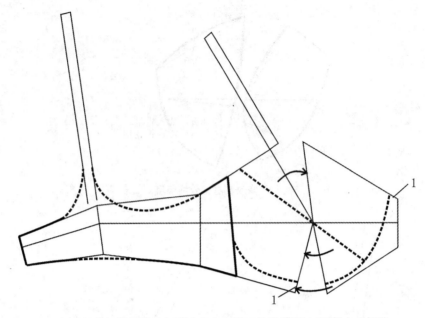

(1) 在基本纸样的基础上设计出鸡心和下扒轮廓线,以及斜向分割线

(2) 将省转移至斜向分割线,完成纸样

图3-59 高鸡心有下扒的斜向分割线文胸纸样处理过程

第四章 内裤结构设计原理与纸样实例

内裤包裹人体的腰、腹、臀和裆部。按照部位和功能,内裤的组成部件可分为前片、后片和裆片。裆片一般分为里裆和外裆两层。其中外裆与前后片面料一致,多考虑美观;里裆使用纯棉面料,保证人体的生理卫生。女式内裤的裆片位置与男式内裤不同,形态结构也不相同。

第一节 女 式 内 裤

一、女式内裤结构

女式内裤结构及各部位名称如图4-1、图4-2和表4-1。

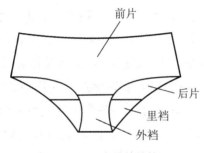

图4-1 内裤的结构

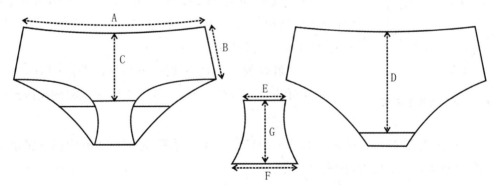

图4-2 内裤结构各部位名称

表4-1 内裤各部位名称

字母代号	部位名称	对应制图尺寸	备　　注
A	裤腰线	内裤腰围	内裤腰围长,区别于人体腰围
B	侧缝	侧缝长	前后片侧面轮廓线长度
C	前中心线	前长	前片腰围线至前裆线在前中心线上的长度
D	后中心线	后长	后片腰围线至后裆线在后中心线上的长度

续表

字母代号	部位名称	对应制图尺寸	备注
E	前裆线	前裆宽	裆片与前片连接处的宽度
F	后裆线	后裆宽	裆片与后片连接处的宽度
G	裆中线	裆长	裆片的长度

二、内裤的款式与结构变化

内裤的常见款式如图4-3所示。款式变化主要集中在前后片的面积和形状上。可变化的因素有内裤的腰围线所在的位置、侧缝长度、前后片形状等。

1. 裤腰线

日常穿着的紧身弹性内裤,腰围线可低于人体腰围线4～20 cm,视款式而定,一般为4～10 cm(中腰围所在的位置)。

由于是低腰,内裤腰围尺寸与人体腰围尺寸关系无关,而需对应中腰围(低腰5～15 cm左右)或臀围尺寸(低腰15～20 cm左右),低腰5 cm和10 cm虽然对应的人体围度不同,但因难以取得准确的人体数据,且内裤腰围弹性足够可以调节,因此都使用中腰围制图。

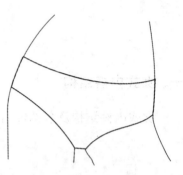

图4-3 内裤常见款式图

内裤面料一般是中等或高等弹性的针织面料,舒适弹性拉伸率达到20%～80%。为使内裤达到紧身的效果,内裤的成品腰围尺寸一般小于人体净围度,一般可按"人体围度÷(1+面料舒适拉伸率)"计算。其中,人体围度按照内裤的款式,可使用腰围、中腰围或臀围数值,面料舒适拉伸率一般采用25%。例如,号型160/84,低腰8 cm的内裤,其裤腰尺寸:

$$裤腰围 = 84(中腰围) ÷ (1+0.25) ≈ 67cm$$

按实际生产经验的数据,一般低腰内裤成品的腰围尺寸为64～68 cm。

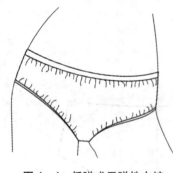

图4-4 低弹或无弹性内裤

低弹性或无弹性的面料,裤腰尺寸必须大于等于人体净臀围,这样将使裤腰和裤脚出现较多的松量,一般采用抽褶的方法处理,如图4-4所示。

2. 侧缝

侧缝尺寸可大可小。绳式内裤没有侧缝,而平角裤的侧缝长度超过裆线(图4-5、图4-6)。当侧缝超过裆线时,不再作为衡量内裤长度的指标,而以内裤的内侧缝长代替。一般平角裤的内侧缝长为3 cm,这时内裤的包裹范围达到腿部。如果超过3 cm,在腿部运动时,将牵扯内裤,影响其贴体性和舒适性。

3. 前长、后长与前后裆宽

前长、后长与前后裆宽决定了前后片的面积和形状,是内裤款式设计的重点。面积小的前后片可以只有绳带,大的可覆盖整个腰臀部。如三角裤和丁字裤相比,前片近似,丁字裤后片呈带状。再如图4-7所示,前后片的形状都是Y形,腰带为绳带,称为Y形绳式内裤;如图4-8所示的内裤为平角裤的一种,与紧身型内裤不同,这类打褶式内裤可以采用丝绸、纯棉等面料制作,臀围宽松,适合家居穿着。

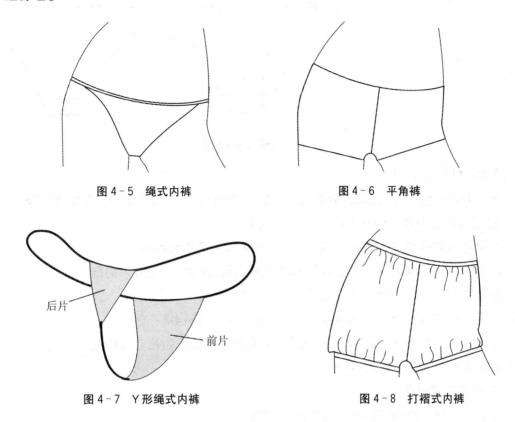

图 4-5 绳式内裤   图 4-6 平角裤

后片
前片

图 4-7 Y形绳式内裤   图 4-8 打褶式内裤

内裤的后长一般比前长长 2~3 cm,前裆宽 7~9 cm,后裆宽随款式而变化。

覆盖过臀围的内裤,应注意臀围处的制图尺寸。如果使用弹性面料,一般不需特别考虑;当面料是低弹性或无弹性时,除了腰围应大于等于臀围,臀围尺寸也应在人体净臀围的基础上增加至少 4 cm 的放松量。

4. 裆长

日常穿着的内裤,裆片形状和大小基本是固定的,裆长约 10~14 cm。性感型内裤或与礼服等特殊服饰搭配穿着的内裤,可以像图 4-7 一样,裆片用一个绳带代替。

三、内裤的结构设计

内裤结构制图的一般步骤:

(1) 根据款式设计意图,确定内裤的低腰位置;

(2) 确定裆长;

(3) 用"全裆长尺寸-低腰尺寸×2-底裆长",得到前后片长度之和;

(4) 根据后长大于前长 2~3 cm 的条件,得到前长和后长的数值。

以号型 160/84,低腰 5 cm 的三角裤为例,底裆长取值 13.5 cm,根据表 2-2 查得全裆长为 63.5 cm,则前长与后长之和=63.5-5×2-13.5=40 cm,后长大于前长 3 cm,以 X 代表前长,则计算公式为"X+X+3=40",X=18.5 cm,即前长=18.5 cm,后长=21.5 cm。

1. 低腰三角裤

款式图如图 4-9 所示。

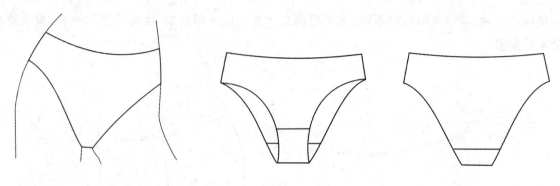

图 4-9 低腰三角裤款式图

前片制图过程(图 4-10):

(1) 画一条水平线,在线上量出裤腰线,公式为"中腰围/4÷1.25",其中 1.25 是(1+舒适弹性拉伸率)的应用,舒适弹性拉伸率采用 25% 的常用数;

(2) 水平线的右端点向上垂直起翘 1.5 cm,将裤腰线修改为曲线;

(3) 自裤腰曲线后端点画一条垂直与裤腰线的线段,长为 4.5 cm,为侧缝;

(4) 自裤腰线的左端点画一条垂直线,长度为前长 18 cm;

(5) 在前长的下端点画一条水平线,长度为 3.5 cm,为前裆线;

(6) 在前长的中点画一条水平线,长为 7.5 cm,其右端点作为画前裤口曲线的辅助点;

(7) 画出裤口曲线,完成前片制图。

后片与裆片制图过程:

(1) 与前片一样,方向相反,画裤腰曲线和侧缝;

(2) 自裤腰线的右端点画一条垂直线,长度为后长 21 cm 和裆长 13.5 cm;

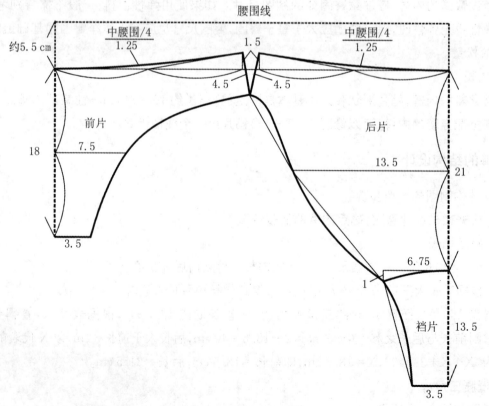

图 4-10 低腰三角裤纸样

（3）在后长的下端点量出后裆宽 6.75 cm,向下 1 cm,画出后裆曲线;

（4）在裆长的下端点量出前裆宽 3.5 cm,与前片裆宽对应;

（5）在后长的中点画一条水平线,长为 13.5 cm,其左端点作为画后裤口曲线的辅助点;

（6）画出圆顺的后裤口曲线和裆部曲线。

2. 低腰丁字裤

款式图如图 4 - 11 所示。

丁字裤的前片纸样与三角裤相似,而侧缝短,后片形状差别很大,细长窄小,为内嵌式的形态。

后片中心最窄处宽度为 2 cm,裆片的形状与三角裤完全一致,如图 4 - 12 所示。

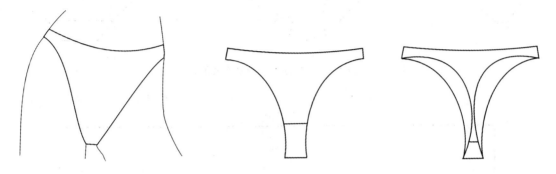

图 4 - 11　低腰丁字裤款式图

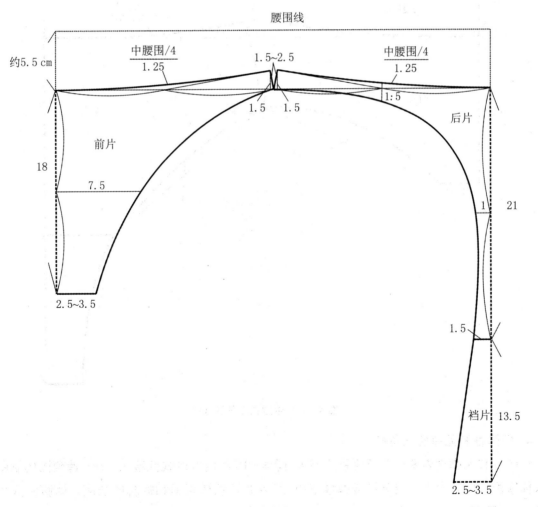

图 4 - 12　低腰丁字裤纸样

内裤结构设计原理与纸样实例

3. 中腰围三角裤

低腰 $10\sim15$ cm 的三角裤,位置在中腰围位置附近,可称为中腰围三角裤,低腰效果很明显。如图 4-13、图 4-14 所示。

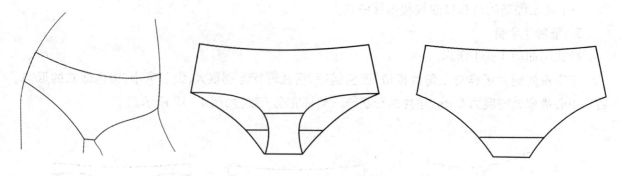

图 4-13　中腰围三角裤款式图

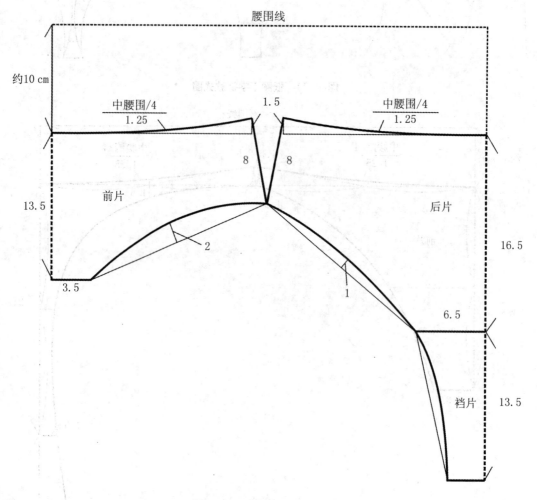

图 4-14　中腰围三角裤纸样

4. 低弹性和无弹性三角裤

低弹性和无弹性内裤一般低腰程度不大,图 4-15 的内裤款式低腰 3.5 cm,裤腰围的制图可使用人体腰围尺寸。由于没有弹性或弹性很小,所以要注意裤腰围和裤脚的长度。裤腰围应大于等于臀围,如腰围为 64 cm,臀围为 90 cm,则腰围的放松量至少应增加 $90-64＝26$ cm,因此前后片的制图尺寸分别是"腰围/4+6.5"cm,如图 4-16 所示。

　　低弹和无弹内裤的侧缝起翘量也较大,目的是使裤口尺寸大于腹股沟位置的围度,并保证其运动的舒适性。

图 4-15　低弹性或无弹性三角裤款式图

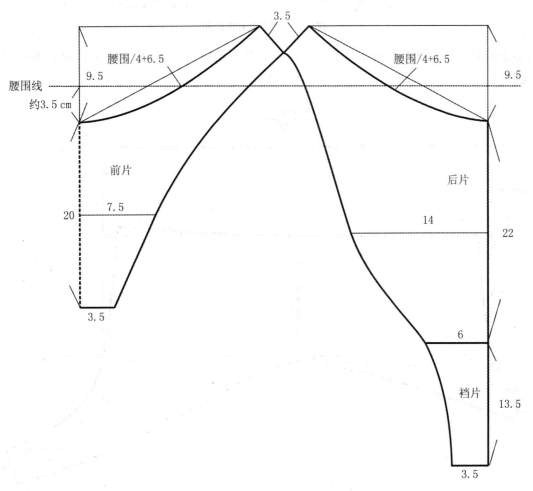

图 4-16　低弹性或无弹性三角裤纸样

5. 平角裤

　　款式图如图 4-17 所示。

　　平角裤像外穿裤一样,前后中心线断开,有裆弯,在裁剪时应注意裆宽与裆深的设计。与外穿裤纸样相比,图 4-18 中的平角裤纸样裆宽和裆深都略小 0.5~1 cm,且前片的裆深、裆宽明显小于

内裤结构设计原理与纸样实例

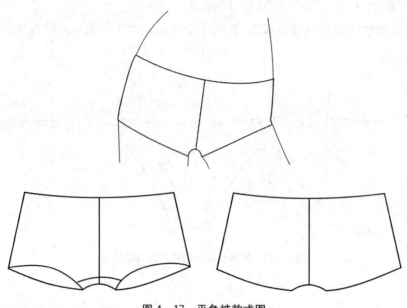

图4-17　平角裤款式图

后片,显示成衣的裆点位置明显靠近前片。这样的处理使前片平整,后片向前包裹臀部和裆部,舒适而美观。

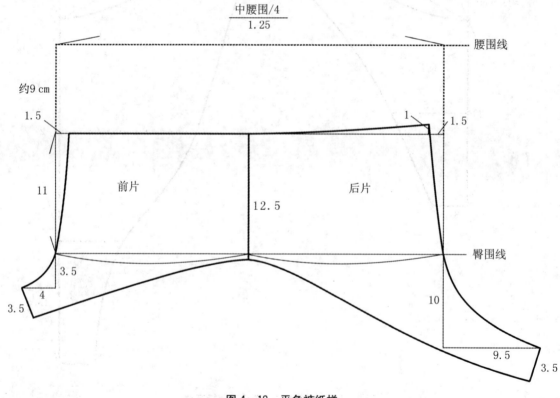

图4-18　平角裤纸样

6. 连裁平角裤

款式图如图4-19所示。

前后片左右连裁,没有裆线分割线的平角裤叫做连裁平角裤,这类平角裤利用面料的弹性实现对腹部和臀部的包裹,穿着紧身。由于没有前后中心线的分割线,避免了缝份与人体的摩擦,所以

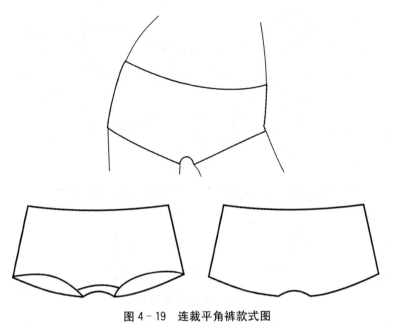

图 4 - 19　连裁平角裤款式图

舒适性更好。

应注意前片裆弯和后片裆弯曲线长度与裆片的宽度 9 cm 相等。具体制图方法如图 4 - 20 所示。

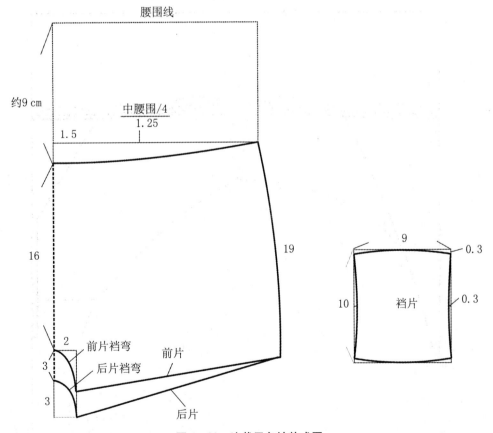

图 4 - 20　连裁平角裤款式图

7. 绳式内裤

款式图如图 4 - 21 所示。

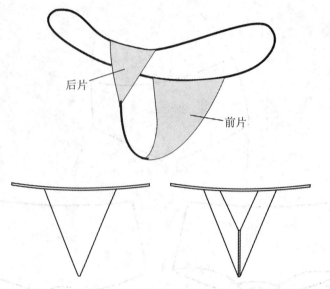

后片

前片

图 4 - 21 绳式内裤款式图

绳式内裤制图的要点在于前片面积的设计,前片应遮盖过裆部。以号型 160/84 为例,全裆长 63.5 cm,则前片长度设定为"全裆长÷2+2"。本款内裤的低腰程度和形态与图 4-13"中腰围低腰内裤"非常相似,可在图 4-14 的基础上制图。具体制图方法见图 4-22。

腰围线

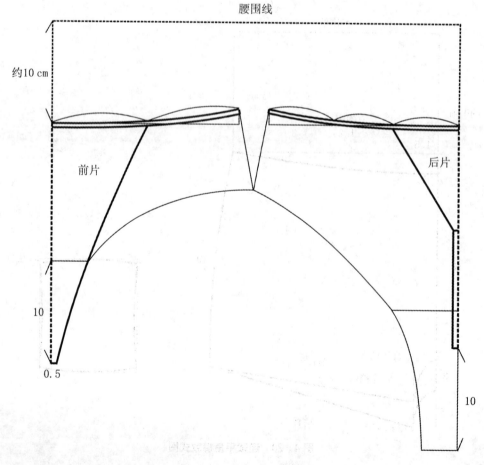

约10 cm

前片

后片

10

0.5

10

图 4 - 22 绳式内裤纸样

8. 灯笼内裤

款式图如图 4-23 所示。

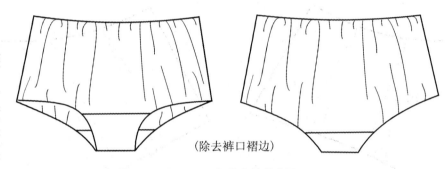

(除去裤口褶边)

图 4-23 灯笼内裤款式图

灯笼内裤一般用丝绸或纯棉面料制作,没有弹性,因此低腰 2 cm 左右,腰围采用"臀围+5"cm,既保证穿着时通过臀围,又增加腰部打褶量。具体纸样如图 4-24 所示。

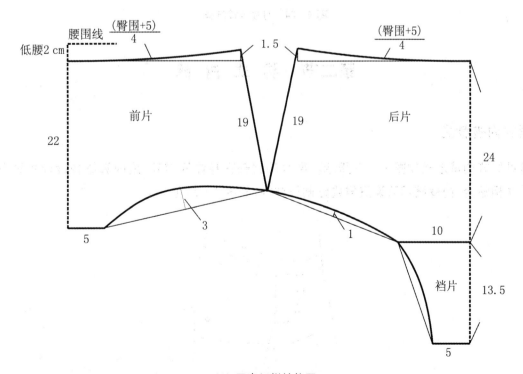

(1) 画出纸样结构图

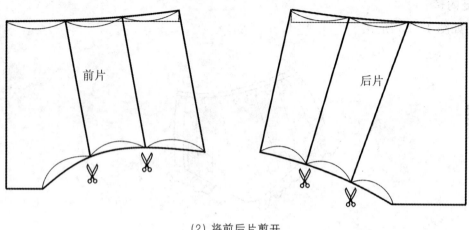

（2）将前后片剪开

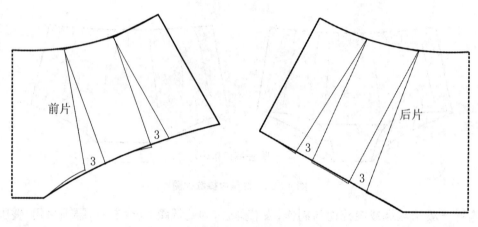

（3）在裤口加入褶量

图4-24　灯笼内裤纸样

第二节　男式内裤

一、男式内裤款式

常见男式内裤款式如图4-25所示。男性的裆部在身体的前部，是内裤结构设计的重点。为了与人体相贴合，内裤裆部可设置省或分割线结构，如图4-26所示。

图4-25　常见男式内裤款式图

(1) 省结构　　　　　　(2) 分割线结构　　　　　(3) 独立裆片结构

图 4 - 26　男式内裤裆部结构

与女式内裤一样,男式内裤同样可分为三角裤、平角裤和丁字裤,如图 4 - 27、图 4 - 28 所示。

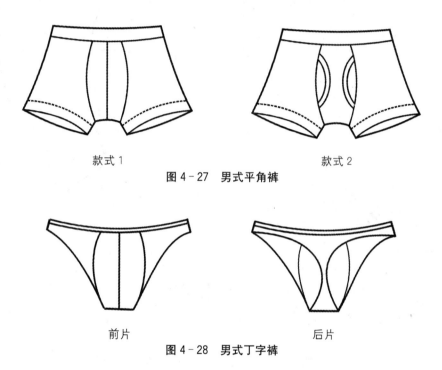

款式 1　　　　　　　　　　　款式 2

图 4 - 27　男式平角裤

前片　　　　　　　　　　　　后片

图 4 - 28　男式丁字裤

二、男式内裤的结构设计

1. 单省男式内裤(图 4 - 29、图 4 - 30)

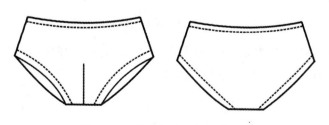

图 4 - 29　单省男式三角裤款式图

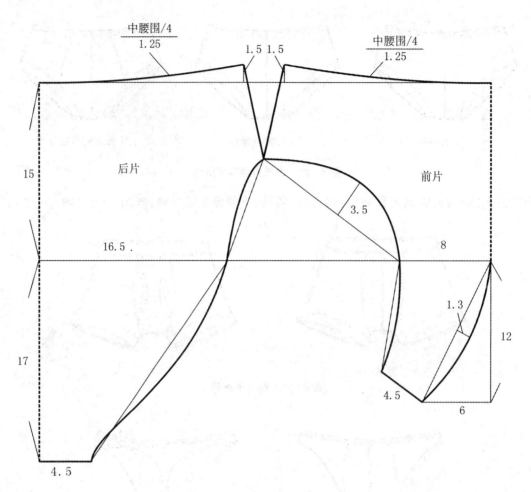

图4-30　单省男式三角裤纸样

2. 独立裆片男式内裤(图4-31、图4-32)

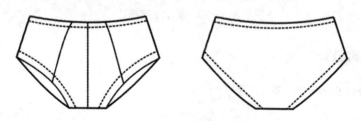

图4-31　独立裆片男式三角裤款式图

　　独立裆片男式内裤结构上的优点在于,裆片独立裁剪,有利于排料,可提高面料利用率,同时便于在裆片内加入里层面料,提高内裤的舒适性和卫生性。

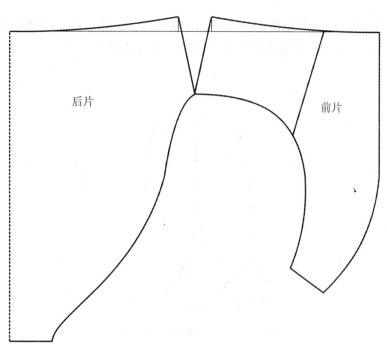

图4-32　独立档片男式三角裤纸样

3. 男式平角裤(图4-33、图4-34)

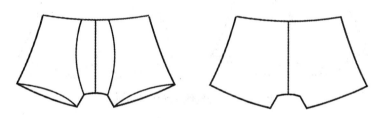

图4-33　男式平角裤款式图

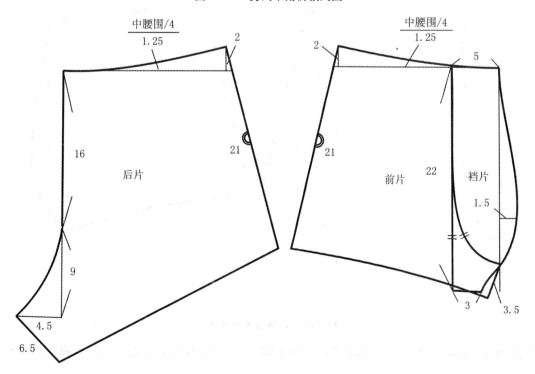

图4-34　男式平角裤纸样

　　平角裤的裆片结构包含两个省量,A省是男性裆部凸起造成的,B省是腹股沟的凹进造成的重叠省,如图4-35所示。两个省的设置使内裤裆片完全与人体贴合。

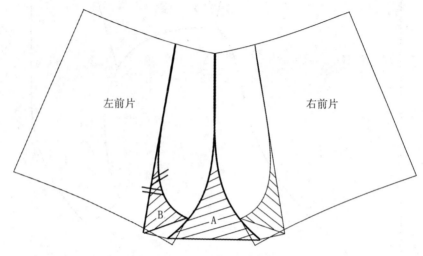

图4-35　平角裤纸样的两个省

4. 分割线男式平角裤(图4-36、图4-37)

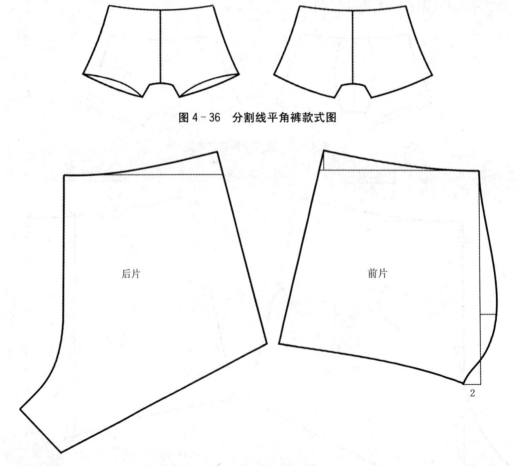

图4-36　分割线平角裤款式图

图4-37　分割线平角裤纸样

　　本款男式内裤是图4-33的简化结构,可在图4-34的基础上直接修改,去掉侧边的裆线分割线。

5. 男式低腰丁字裤(图4-38、图4-39)

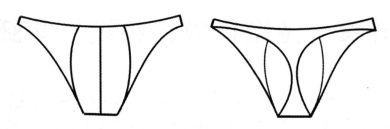

图4-38　男式低腰丁字裤款式图

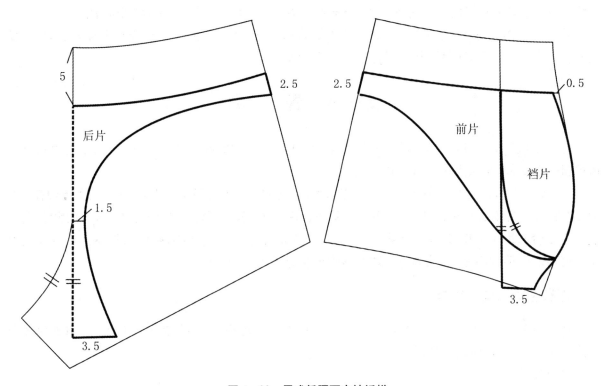

图4-39　男式低腰丁字裤纸样

男式丁字裤性感贴身,可使用图4-34进行修改。

(1) 低腰5 cm,强调男性臀短的身体特征;

(2) 侧缝缩短为2.5 cm,并去掉平角裤前片腿长度的3 cm;

(3) 丁字裤没有裆弯,将后片裆弯拉直,画出一半裆宽3.5 cm,与前片相对应;

(4) 在前中心线处去掉0.5 cm,收紧腰线。

第五章 塑型内衣结构设计与纸样

塑型内衣是针对有特殊需求人群的一种内衣,它的围度一般等于甚至小于人体的净围度,利用面料的弹性收紧人体的肋部、腹部、背部、腰部、臀部等。塑型内衣主要靠在纵向分割线上收省来实现造型效果,常见在侧缝、前后中心线、经过胸点的分割线、背部分割线等处以及其他脂肪堆积部位设置分割线。特别是前后片,可以设多条分割线,分割线的方向可以是垂直的,也可以是斜向的。

除了弹性面料,胶骨是塑型内衣必不可少的辅料之一,在塑型内衣的分割线里穿入胶骨,固定内衣在人体上的位置,可使面料的弹性得到更好的发挥。

第一节 骨 衣

骨衣是覆盖面积最广、功能最全面的塑型内衣,其上轮廓线在人体的上胸围处,下轮廓线在人体的腰臀部之间,可认为是下扒较长的文胸。

由于骨衣对穿用功能的特殊要求,因此在裁剪时,各款骨衣的廓型基本相同,而变化多体现在衣片内部的胸衣款式、分割线设置等处。这种情况最适合建立一个基本纸样,以便根据具体款式调整纸样。

由于骨衣运用了胶骨,而且包裹人体的胸部,因此放松量不能太小,否则会严重影响人体的舒适和健康。一般使胸围、腰围等与人体的净围度相等即可。

一、骨衣基本款式与纸样

在第二章图 2-14"内衣基本纸样的连身形式"纸样的基础上,利用其省的位置,将骨衣基本款式定为如图 5-1 所示的款式图。

纸样制图要点:

(1) 由于图 2-14 是外衣纸样,因此首先加大省量,肩省角度加大一倍,胸省和背省的省量加大一倍,如图 5-2 所示;

(2) 前片上轮廓线定在胸围线上 6 cm,后片上轮廓线等在胸围线处。下轮廓线定在中腰围处(距腰围 10 cm);

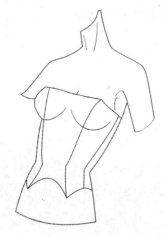

图 5-1 骨衣基本款式

（3）将胸围的放松量 10 cm 全部收紧,方法为前中心线收 1 cm,侧缝各收 1 cm,胸点收 0.5 cm,背省收 1.5 cm;

（4）按图 5 - 3 所示的细节数据,画出骨衣前后片纸样轮廓。

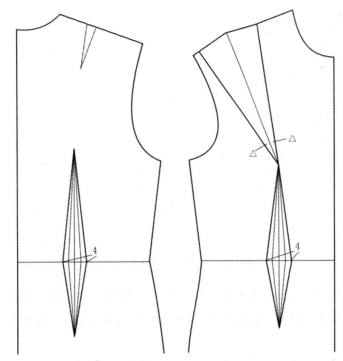

图 5 - 2　在图 2 - 14 的基础上加大省量

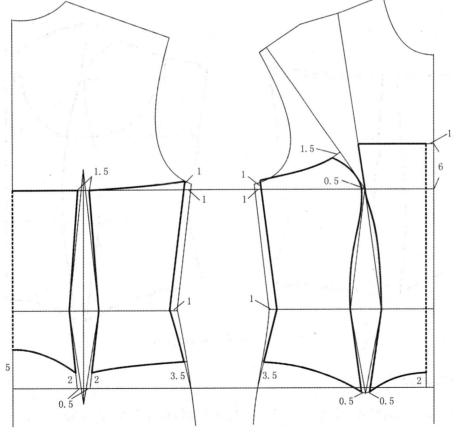

图 5 - 3　骨衣基本纸样

二、左右杯长身骨衣

左右杯长身骨衣的款式图如图 5-4 所示。

图 5-4 左右杯长身骨衣款式图

骨衣覆盖住乳房的部分,既可以像基本款式那样连体裁剪,也可以分割出独立的胸衣单独裁剪。单独裁剪的好处在于,既可以穿入钢圈,加强骨衣的功能,另一方面使骨衣能显现像文胸一样多变的款式。

骨衣胸片的裁剪方法如图 5-5 所示,是左右杯文胸的款式,前中心线总宽度 1.5 cm,下杯高 7.5 cm。

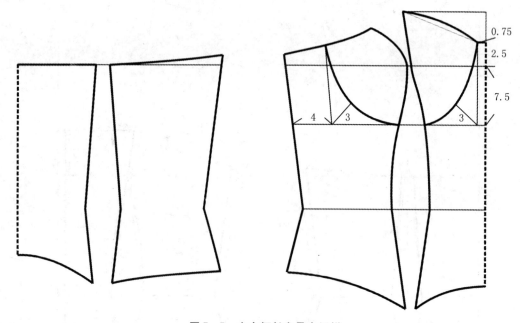

图 5-5 左右杯长身骨衣纸样

三、上下杯短身骨衣

上下杯短身骨衣的款式图如图 5-6 所示,纸样处理过程如图 5-7 所示。

图 5-6　上下杯短身骨衣款式图

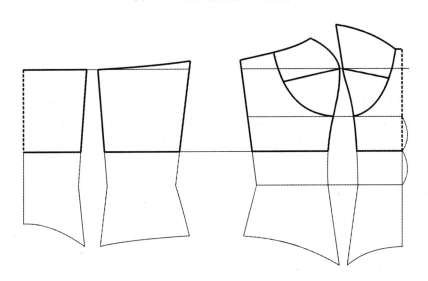

(1) 截短骨衣至腰围线上,设置胸衣横向分割线

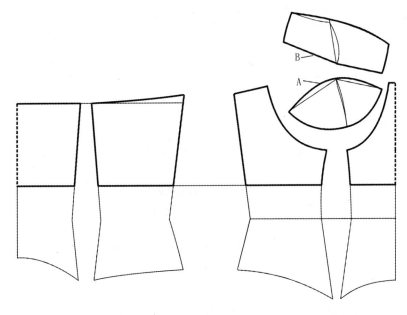

(2) 将纵向分割线的省转入横向分割线,将下杯骨线变成曲线

（3）打开上杯纸样，加入上下杯骨线的差量，使杯骨线相等

图5-7　上下杯短身骨衣纸样

第二节　腰　封

　　腰封是对人体腰腹部起塑型作用的内衣，前中心线使用穿带式结构，可以起到一定的调节作用。虽然塑型的位置不同，但都可以在骨衣基本纸样的基础上截取相应位置，获得纸样。

腰封款式

　　腰封款式如图5-8所示，纸样处理如图5-9所示。

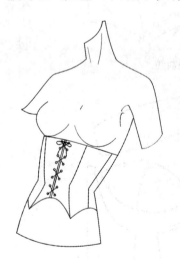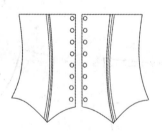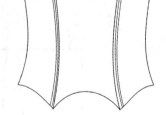

图5-8　腰封款式图

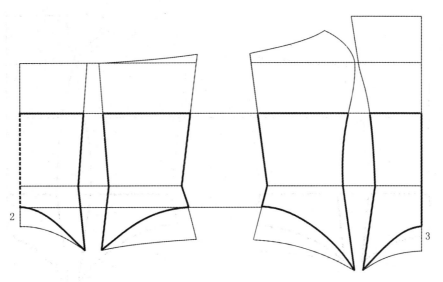

图 5-9 腰封纸样

第三节 吊 袜 带

吊袜带虽然短,但仍对腰腹部有一定的收紧作用,同时,带子抓紧袜口,也可提升大腿脂肪,因此吊袜带也是塑型内衣之一。

吊袜带款式图

腰封款式如图 5-10 所示,纸样处理如图 5-11 所示。

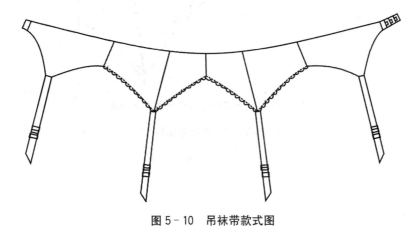

图 5-10 吊袜带款式图

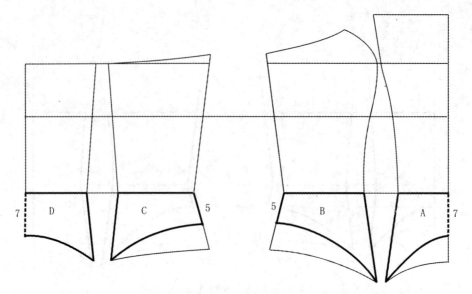

(1) 在骨衣基本纸样的基础上截取吊袜带轮廓

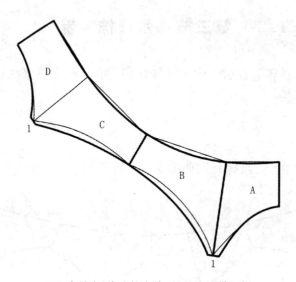

(2) 合并省,修改轮廓线,得到吊袜带纸样

图 5-11　吊袜带纸样

第六章　家居服结构设计与纸样

第一节　睡　衣　裙

　　睡衣类内衣可分为睡衣裤和睡裙两类。睡衣面料柔软,廓型宽松舒适。人在家居生活中及睡眠时,身体的运动幅度比正式场合更大,对舒适性的要求更高,因此睡衣裙在胸围、腰围和臀围等围度上的放松量都应充足。一般来说,梭织面料睡衣的胸围放松量至少应有10 cm,臀围放松量至少应有6 cm。如果面料是中等弹性或高等弹性的梭织面料,则胸围放松量可最小减至6 cm,臀围放松量减至2 cm。

　　睡衣的结构设计也要综合考虑款式因素。例如,无领、无袖的夏季内衣,胸围放松量可以略小一些;有领有袖的秋冬季内衣,应注意增加胸围和袖子的放松量,因为人在睡眠时,手臂若受到衣服的牵制,会影响睡眠质量。

　　现代内衣更注重美观、合体,应该根据内衣设计的面料和款式,合理设置放松量,表达不同的内衣风格。

一、睡裙

1. 吊带睡裙

　　夏季睡裙常见无领、无袖的吊带款式,腰线设置为舒适的高腰,裙摆放松,显得轻松、俏丽。胸衣的外层可采用蕾丝面料,裙子采用丝绸或轻薄的纱质面料。

　　在处理纸样的时候,由于是无袖款式,可将胸围放松量略收紧一些,使袖窿更贴合人体,如图6-1(1)所示。

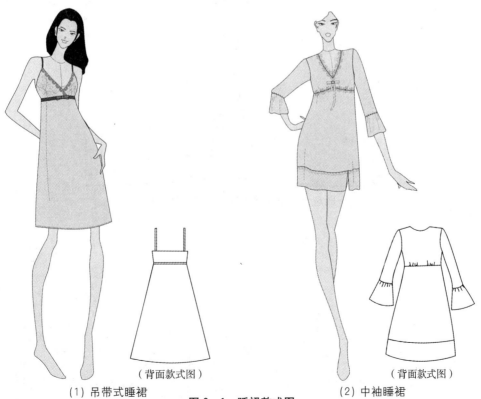

（背面款式图）　　　　　　　　　　　（背面款式图）

（1）吊带式睡裙　　　　　　　　　　　（2）中袖睡裙

图6-1　睡裙款式图

的睡裙纸样,采用图 2-13"内衣基本纸样的连身形式"中的衣身纸样为基础,前后片侧缝各收紧 1 cm,胸围放松量减少至 6 cm,使胸衣部分达到贴体。确定好吊带的位置后,将肩省转移合并至高腰腰线处,收腰省。

　　裙片纸样直接制图,采用提高侧缝起翘量的方法,达到打开裙摆的目的。应注意裙片的腰线长度与胸衣的腰线长度相等。具体制图过程如图 6-2～图 6-4 所示。

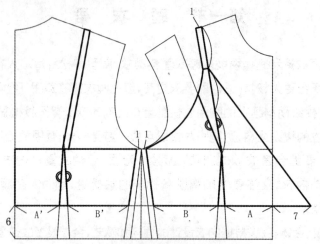

图 6-2　吊带睡裙胸衣纸样处理方法

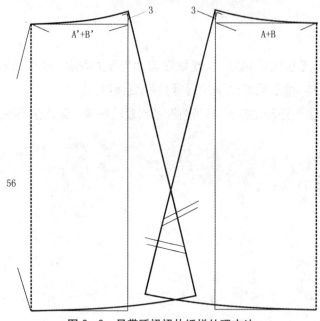

图 6-3　吊带睡裙裙片纸样处理方法

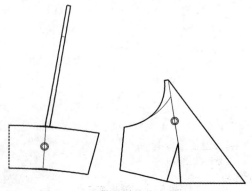

图 6-4　吊带睡裙胸衣纸样完成图

2. 中袖睡裙

图 6-1(2) 的睡裙为 V 字领、高腰、中袖,腰线打褶,如采用针织面料将使睡裙更加合体舒适。针织面料有弹性,因此胸围放松量可不变,保持基本纸样在净胸围基础上的 10 cm 放松量。袖窿等亦可不变。具体制图过程如图 6-5～图 6-8 所示,制图要点:

(1) 前片长度在腰围线上减少 2 cm,与后片腰线对齐,这样处理将减小前片在胸部的凸起弧度,使造型偏向平面化;前后侧缝的长度差量收腋下省,待转省处理;

(2) 款式上不设后片肩胛省,因此延长前肩线 1.5 cm,使前后片肩线等长;

(3) 高腰 8 cm,腰线基本接近下胸围。为收紧高腰处的围度,在侧缝和前后片上各自收省;腋下省转入前片腰省;

(4) 通过合并裙片腰省的办法,在侧缝和前后片各自打开裙摆。这样的处理使裙片在腰部比较合体。

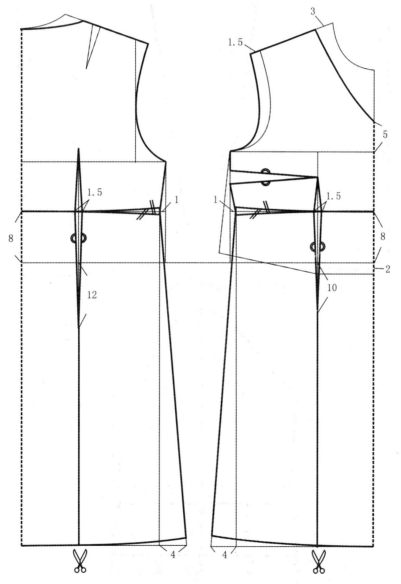

图 6-5 中袖睡衣衣身纸样结构图

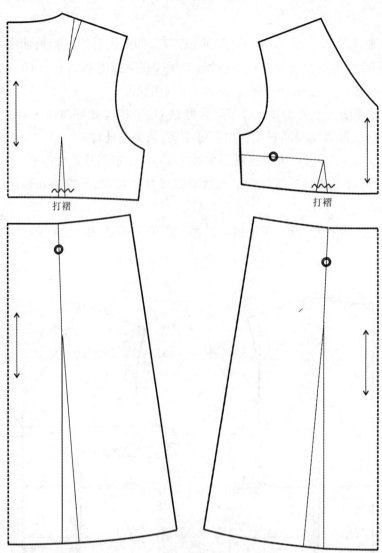

图6-6 中袖睡衣衣身纸样完成图

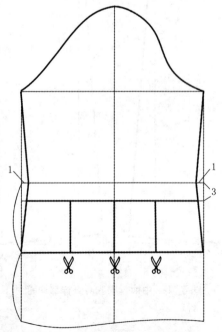

图6-7 中袖睡衣袖子纸样结构图

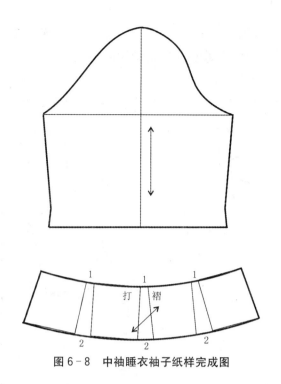

图6-8 中袖睡衣袖子纸样完成图

二、睡衣裤

分体式的睡衣裤也是睡衣的常见类型。一般衣长及臀,衣身宽松。搭配 H 型睡裤,睡裤多用橡筋收紧腰围。

1. 长袖睡衣

图6-9(1) 的长袖睡衣是秋冬季睡衣的常见款式。针对同样的款式设计图,绘制纸样者对款

（背面款式图） （背面款式图）

（1）长袖睡衣 （2）短袖睡衣

图6-9 睡衣裤款式图

式的理解不同,处理方法也会不同。图 6-9 这个款式,可以处理成合体或宽松的不同廓型,胸围放松量、袖隆开深量、肩点延长量等的尺寸和处理都会因此出现差异。

（1）纸样处理方法 1——合体型

合体型廓型的服装纸样,可以直接采用基本纸样的轮廓制图。制图过程如图 6-10、图 6-11 所示,制图要点:

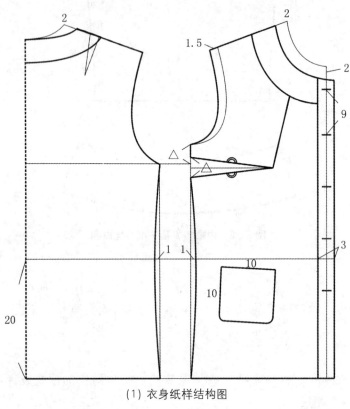

（1）衣身纸样结构图

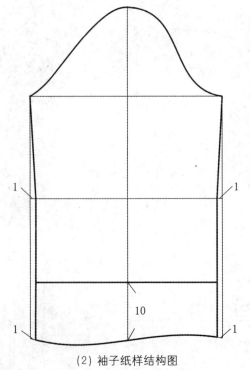

（2）袖子纸样结构图

图 6-10　长袖睡衣纸样处理方法 1

① 前肩线延长 1.5 cm,使前后肩线等长;

② 领口略开大;衣长加长 20 cm,至臀围线;画出明门襟,宽度 3 cm;

③ 根据自己的审美和对款式的理解判断,画出领口分割线、口袋和袖口分割线以及钉扣位;

④ 将腋下省转移至领口处;

⑤ 可选择在前后侧缝处各收腰 1 cm,袖子前后底缝在肘线和袖口处各收进 1 cm。

⑥ 裤子的省不收,成为腰围的放松量,用橡筋收紧。

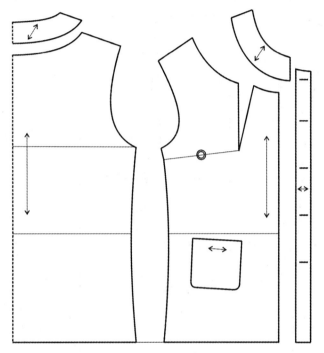

(1) 衣身纸样完成图

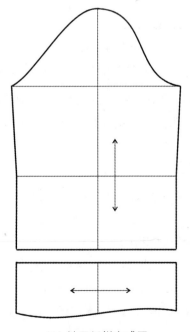

(2) 袖子纸样完成图

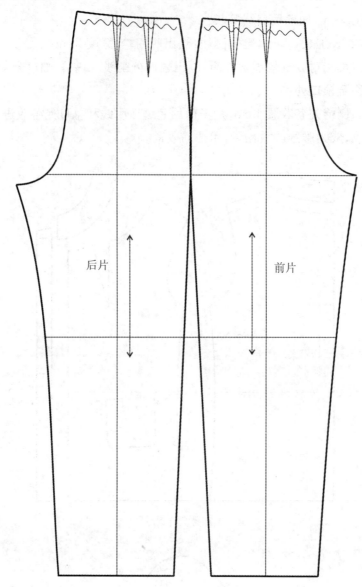

后片　　前片

(3) 裤子纸样完成图

图 6‑11　长袖睡衣纸样处理方法 1 纸样完成图

如果面料为梭织面料,则直接用橡筋收紧,没有设开口的睡裤必须保证腰围尺寸大于等于臀围尺寸。以号型 160/84 的纸样为例,腰围 68 cm,臀围 90 cm,则腰围放松量必须为 11 cm,纸样处理方法如图 6‑12 所示。

(2) 纸样处理方法 2——宽松型

宽松廓型的服装纸样,应修改基本纸样的轮廓,增加各部位的围度。制图过程如图 6‑13 所示,制图要点为:

① 前片减小衣身长度 1 cm,与后片腰围线对齐;

② 前后侧缝各加出 2 cm 放松量,使胸围放松量增加至 18 cm;腋下点下移 2 cm;后肩线抬高 0.7 cm,延长 2 cm,前肩线抬高 0.5 cm,延长 3.5 cm;

③ 参考腋下点下移量和肩点抬高量,袖山顶点下调 3 cm,重新测量并画出前 AH 和后 AH,确定袖肥。

④ 其余款式结构处理方法同上。

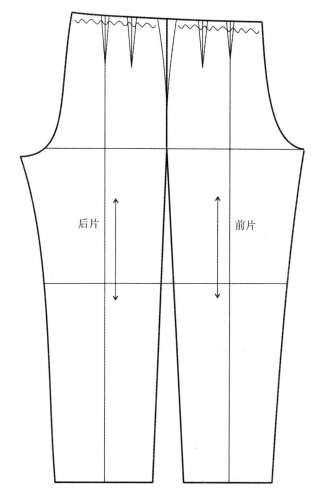

图 6－12　梭织睡裤纸样结构图

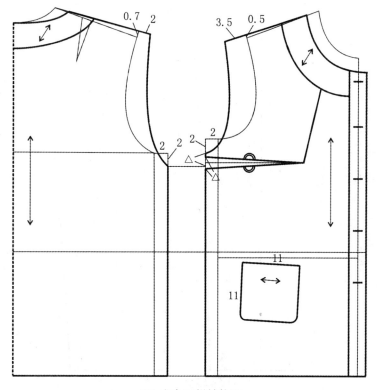

（1）衣身纸样结构图

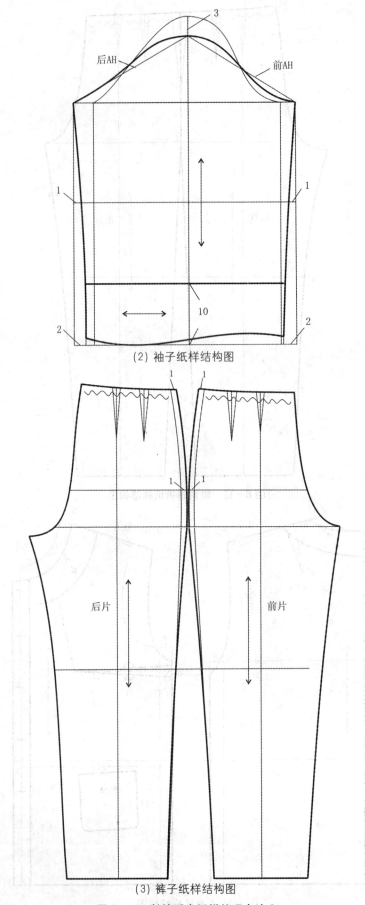

（2）袖子纸样结构图

（3）裤子纸样结构图

图6-13　长袖睡衣纸样处理方法2

2. 短袖睡衣

图 6-9(2) 的短袖睡衣宽松舒适,可用针织面料制作,适合春夏季穿着。衣身款式有装饰分割线,前胸多加一层装饰衣片,衣摆展开。裤子为及膝短裤,裤脚镶荷叶边。

制图过程如图 6-14、图 6-15 所示,纸样处理的要点:

(1) 设定此款式的胸围放松量为 14 cm,在基本纸样的基础上,前后片侧缝各加出 1 cm;

(2) 后肩点抬高 0.5 cm,延长 1 cm,前肩点延长 2.5 cm;

(3) 后片腋下点下落 2 cm,前片腋下点下落 3 cm,前后侧缝的长度差在前片的腋下省收起;

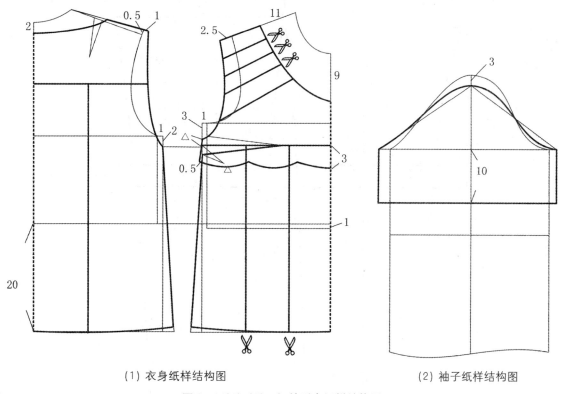

(1) 衣身纸样结构图　　　　　(2) 袖子纸样结构图

图 6-14(1)、(2)　短袖睡衣纸样结构图

(4) 设置前、后片的款式分割线:剪开前片肩部的三条分割线,加入褶裥量 1 cm,标出明线位置;设计出前片胸部的装饰衣片轮廓;遮盖在里层的部分,将腋下省结构直接延长至前中心线,使省转变为分割线,剪开分割线下方的衣片,加出打褶量 1 cm 和衣摆量 2 cm。后片设计出分割线后,同样剪开下面的衣片,加出打褶量 1 cm 和衣摆量 2 cm。

(5) 袖山下落 3 cm,重新测量画出前、后袖窿长度,确定新的袖肥,短袖长度设在落山线下 10 cm;

(6) 裤子在原型的基础上,加出臀围放松量 4 cm,在前后片侧缝上各加出 1 cm。腰省不缝合,变成腰围松量,用橡筋收紧。裤长定在膝盖线上 2 cm,荷叶边宽度定为 4 cm。

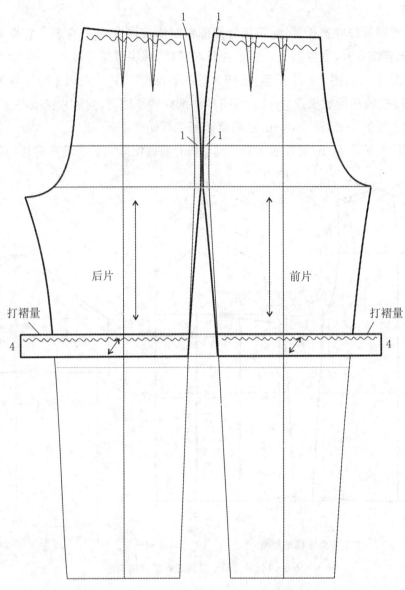

后片

前片

打褶量

打褶量

(3) 裤子纸样结构图

图6-14(3) 短袖睡衣纸样结构图

图 6-15 短袖睡衣纸样完成图

第二节 家居休闲服

家居服是在日常家庭生活中穿着的服装。与睡衣相比,家居服在追求舒适的同时,更注重时尚、美观。因此在结构处理时,应注意尺寸和结构的合体性,使家居服在轻松之余,不失活泼、性感与时尚。

一、秋冬季家居服

图 6-16(1) 的家居服为中袖长裤,适合秋冬季穿着。面料采用中等弹性的针织面料,在前门襟、腰头上使用罗纹面料。罗纹面料弹性大而舒适,最适合在领口、袖口、腰头使用,可以起到收紧服装开口部位的作用。

本款家居服衣身合体,长度略短,衣身结构简单,无省、褶、分割线等结构。裤子低腰,腰臀处贴体,裤腿呈喇叭状。制图过程如图 6-17、图 6-18 所示,制图要点:

（背面款式图）　　　　　　　　　　　　　（背面款式图）

（1）秋冬季家居服实例　　　　　　　　　　（2）春夏季家居服实例

图 6－16　家居服款式实例

1. 衣片

（1）从款式图判断,前片比较合体,但由于衣身上没有任何可以处理前后侧缝不等长的省结构,因此将基本纸样的前片长度略减 1.5 cm,与后片腰线对齐;

（2）衣身可直接采用基本纸样的胸围放松量 10 cm,肩宽、袖窿等都不必改变。延长前肩线 1.5 cm,使前后肩线等长;前片腋下点下降,与后片腋下点平齐,使前后侧缝长度相等,修改前片袖窿轮廓;

（3）上衣款式为短款,因此设衣长为腰围线下 12 cm;

（4）前门襟在腰围线处覆盖过中心线 6 cm,留出 2 cm 的罗纹门襟宽度;

（5）在前后片侧缝处各收腰 1 cm,衣摆收 0.5 cm,使衣片更加合体;

（6）在前门襟和前片侧缝处绑蝴蝶结的带宽为 2 cm,其中前门襟处的带长 20 cm,侧缝处的带长为 35 cm;

（7）罗纹门襟的宽度为 2 cm,长度等于"前片门襟的长度－2 cm",这样处理的原因是前片的领口开口较大,如不收紧,易造成领口松开、人体外露的弊病。罗纹领口的长度减短,在缝合时可将前片领口收紧。

2. 袖片

袖子基本结构不变,在肘部设分割线,中袖袖长定在肘线下 10 cm。

3. 裤片

（1）裤子低腰 8 cm,臀围、腰围各减小 4 cm,使臀围放松量变成 2 cm。减小前、后片的裆宽和

裆深,经过这样的处理,可以得到一个在腰臀部非常贴体的针织低腰休闲裤;

  (2) 裤长加长 2 cm,前后裤脚各加出 6 cm,画出喇叭状的裤型;

  (3) 罗纹腰头比裤片的腰线略短,起到收紧腰部的作用。

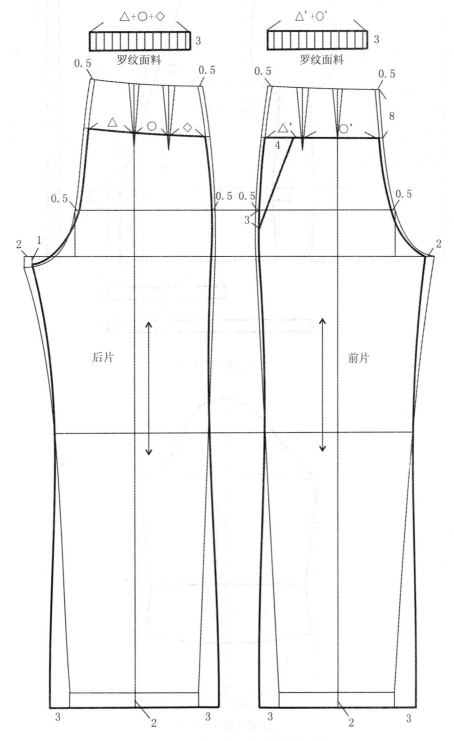

图 6-17 秋冬季家居服实例裤子纸样

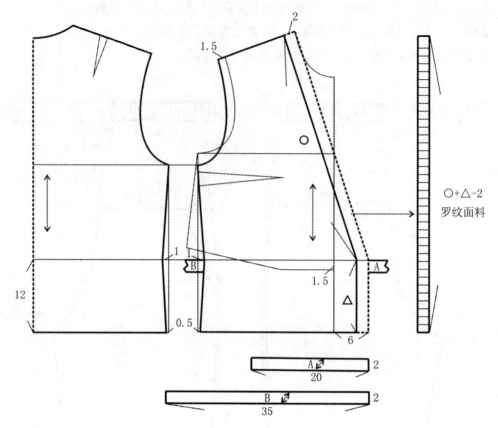

（1）衣身纸样结构图

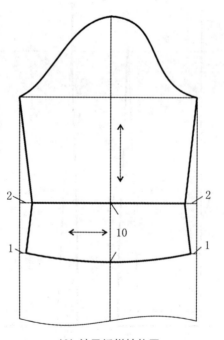

（2）袖子纸样结构图

图 6-18　秋冬季家居服实例上衣纸样

二、春夏季家居服

图 6-16(2) 适合春夏季穿着,款式为简洁的吊带背心和 A 型短裙,上衣面料为中等弹性的针织面料,裙子既可以为针织面料,也可以为梭织面料。本款式非常合体,设定胸围放松量为 4 cm,即需要将基本纸样胸围上的尺寸减小 6 cm。制图过程如图 6-19、图 6-20 所示,制图要点:

1. 上衣

(1) 前片长度在腰线上减短 1.5 cm,与后片腰围线对齐制图;

(2) 后片侧缝收紧 1 cm,前片侧缝收紧 2 cm。后片腋下点抬高 1 cm,前片腋下点与后片腋下点对齐;

(3) 衣长设为腰围线下 10 cm,前后片侧缝各收腰 1 cm,画出吊带和前后领口轮廓;

2. 裙子

(1) 裙长设为 45 cm;

(2) 将裙子基本纸样靠近中心线的省转移到裙摆上,并加出侧缝的裙摆;剩余的省移至腰围线的中点。

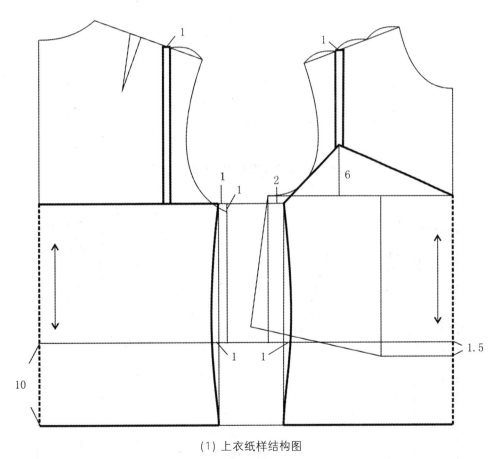

(1) 上衣纸样结构图

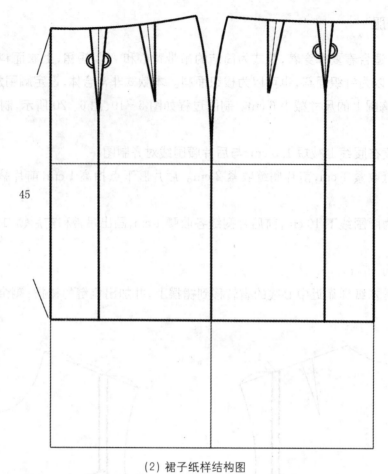

45

（2）裙子纸样结构图

图 6‑19 春夏季家居服实例纸样结构图

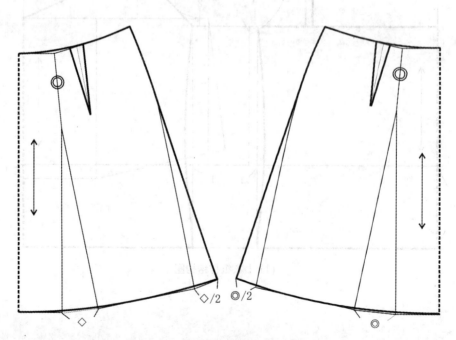

◇/2 ◎/2

◇ ◎

图 6‑20 春夏季家居服裙子纸样完成图

第三节　家居服实例

（背部款式图）

（背部款式图）

（1）实例 1　　　　　　　　　　　（2）实例 2

图 6 – 21　家居服实例款式图

一、实例 1

图 6 – 21 实例 1 是一款吊带裙。吊带裙穿着舒适、性感，是常见的家居服款式之一。本款吊带裙既可以使用梭织面料，也可以采用针织面料。但采用梭织面料时，注意在后侧缝缝缀拉链，以便穿脱。

制图要点如图 6 – 22、图 6 – 23 所示：

1. 将吊带设在肩线距肩点 1/3 处，宽度 1 cm，这个位置是较常用的吊带位；

2. 将腋下省转移至前胸分割线处，在前中心线处加出前片打褶量。由于打褶位较多，而增加的宽度过大，会影响前片的合体度和美观，因此每个褶量设为 1 cm，褶之间间距均匀。褶的缝合长度呈渐变式效果；

3. 为与前片的裙摆量对应，应打开后片的裙摆。同时侧缝也均匀加出裙摆量。

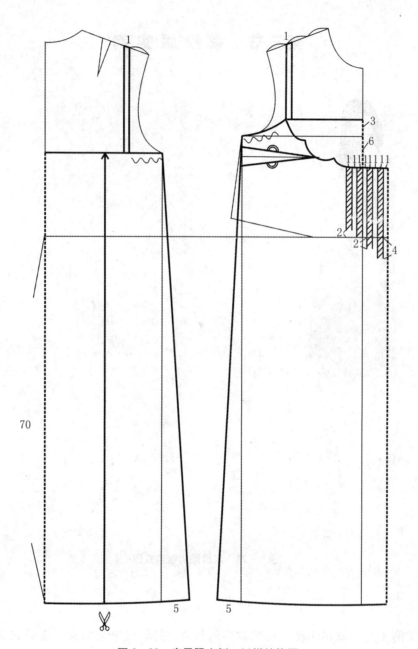

图6-22　家居服实例1纸样结构图

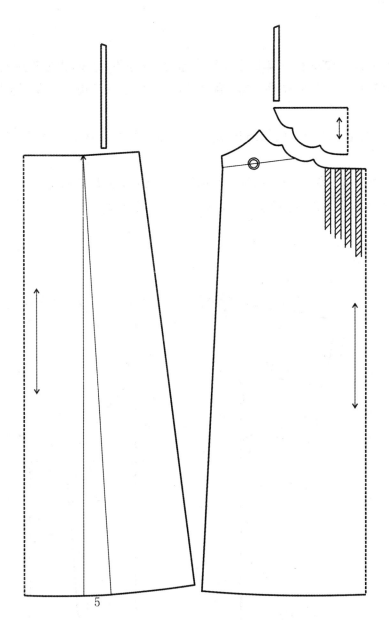

图 6-23　家居服实例 1 纸样完成图

二、实例 2

图 6-21 实例 2 是一款睡袍,一年四季均可穿着,穿脱方便、舒适,也是常见的睡衣品种之一。

在结构上,其特点是连身袖,重叠门襟,肩袖处比较肥大,衣身略短。制图要点如图 6-24、图 6-25 所示:

1. 肩线在肩点处抬高 2 cm,增加肩部松量。将袖子的中心线对其肩线,作为制图的参考轮廓线;

2. 加大领口,腋下点下落 12 cm,袖长定在袖肘线上 2 cm,画出连身袖;

3. 衣身的右半身重叠到左衣身的 2/3,左衣身前中心线不变。

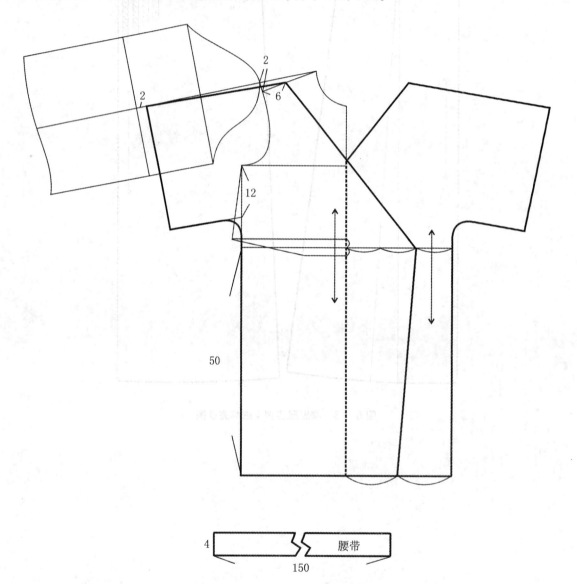

图 6-24　家居服实例 2 前片纸样

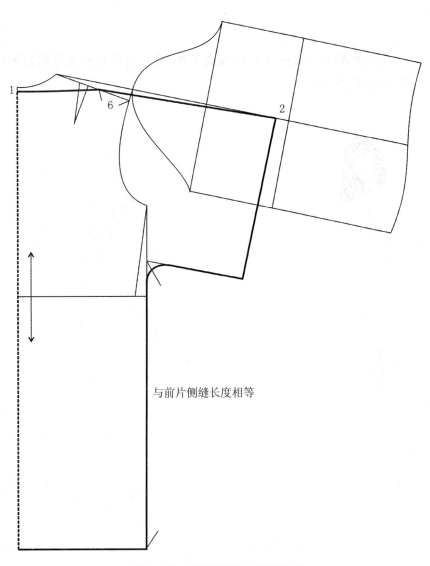

与前片侧缝长度相等

图6-25 家居服实例2后片纸样

三、实例3

图 6-26 实例 3 款式的特别之处在于使用蝴蝶装饰,将前片腰部和袖子肘部的结构处理线和缝合线隐藏起来,显得简洁、妩媚。

（1）实例3　　　　　　　　　　　（2）实例4

图 6-26　家居服实例款式图

制图要点如图 6－27、图 6－28 所示：

1．衣片前身腰线结构处理

将腋下省转移至前腰线上，前腰线被打开成上下两条缝合线。将下边的缝合线延长，加出腰线打褶量。同时将打开的省量作成一个倒褶，以免增加腰围松量。这些缝合线都可隐藏在蝴蝶装饰物下。

2．袖片肘部结构处理

在一片合体袖的纸样上画图，袖肘线有一个肘省。在肘省的下省边线，加出打褶量。打褶、缝合后，用蝴蝶装饰物遮盖。

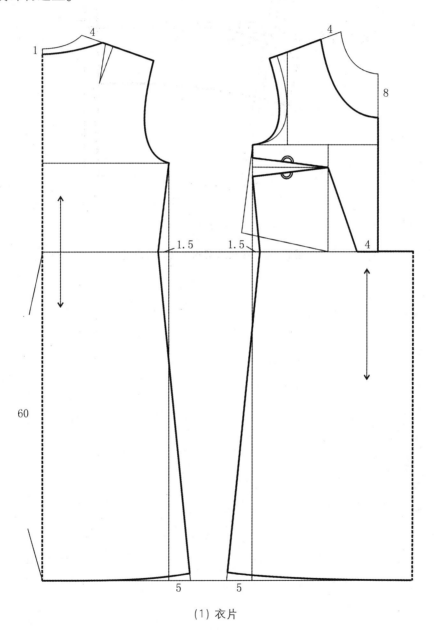

(1) 衣片

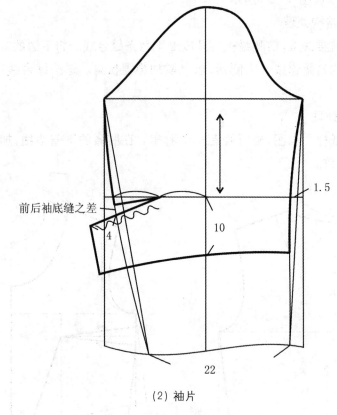

前后袖底缝之差

4

1.5

10

22

（2）袖片

图 6-27　家居服实例 3 纸样结构图

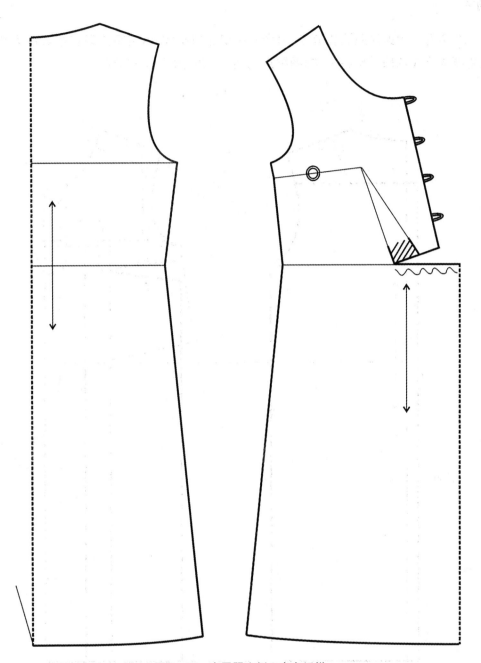

图 6-28　家居服实例 3 衣身纸样

四、实例 4

图 6-26 实例 4 的家居服温馨浪漫,适合用针织面料制作,用梭织的印花布做包边装饰。结构上的特点主要体现在前胸的倒褶上,制图要点如图 6-29、图 6-30 所示。

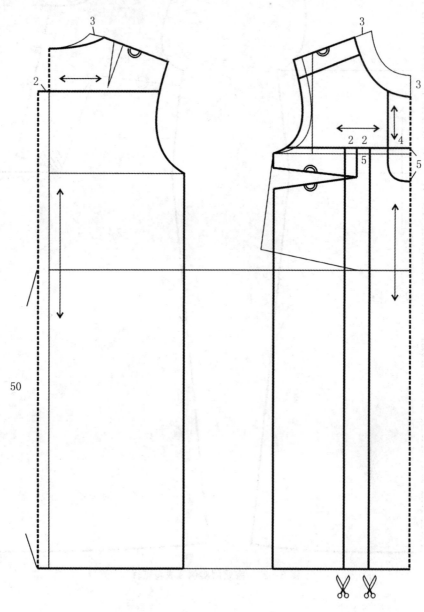

(1) 衣片

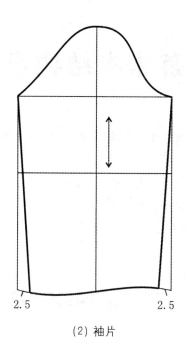

（2）袖片

图 6 - 29　家居服实例 4 纸样结构图

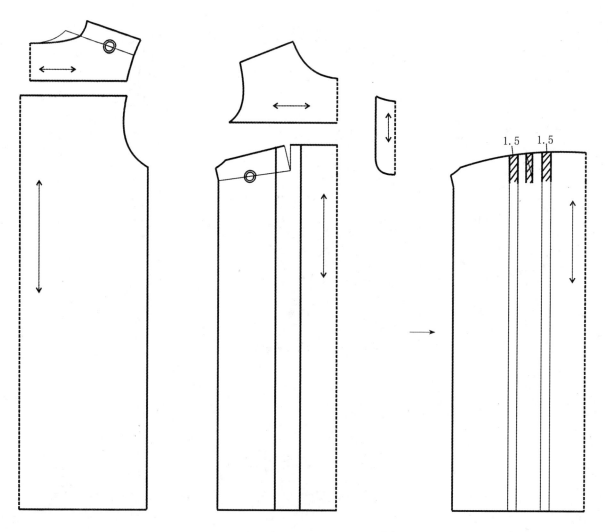

图 6 - 30　家居服实例 4 纸样

第七章　游泳衣结构设计与纸样

　　游泳衣属于运动实用型服装,面料采用氨纶含量15%以上的弹性织物,拉伸性强,弹性回复性能好,使泳装可以随身体运动而自由伸缩。

　　在款式上,泳衣设计越来越呈现出丰富多样的趋势,但是在运动幅度大的部位,不宜过多设置拼接,以免接缝处由于强度不够而绷开。虽然游泳衣的面料为高弹性,但仍应在舒适弹性范围内考虑。如泳衣太松,则容易兜水,加重身体负担和游泳时的阻力;太紧易给肢体造成勒痕,引起血流不畅。

第一节　游泳衣基本纸样

一、基本款式(图7-1)

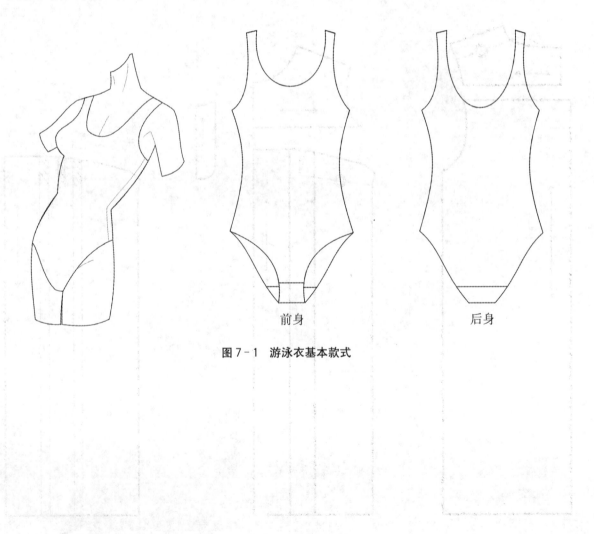

前身　　　　　　　后身

图7-1　游泳衣基本款式

二、基本纸样(图 7 - 2)

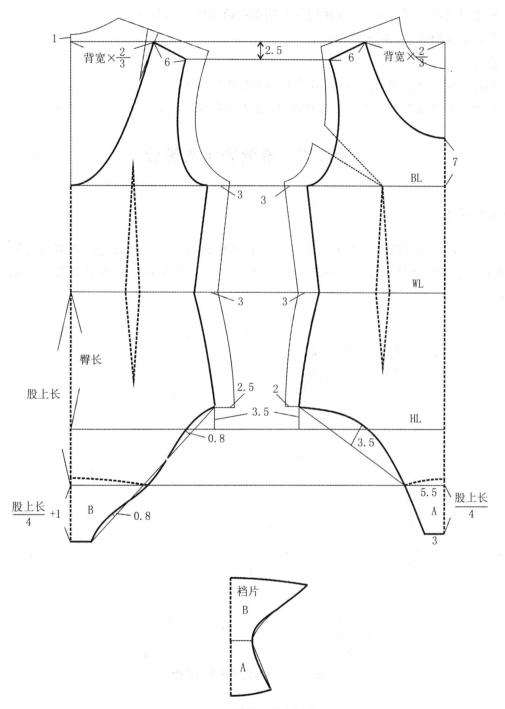

图 7 - 2 游泳衣基本纸样

三、制图要点

1. 在图 2 - 14"内衣基本纸样的连身形式"的基础上制图,首先将肩省转移到袖窿上,不收省,而作为前袖窿的松量;

2. 后颈点下落 1 cm,重新确定侧颈点,再下落 2.5 cm,确定肩斜,横开领为肩宽的 2/3,肩宽为 6 cm;

3. 在腰围线下量出臀长和股上长,由于人体的裆部不仅有正背面的深度,还有侧面的厚度,因此再继续向下画出线段:前片为"股上长/4",后片为"股上长/4+1";

4. 裆宽尺寸的一半为 3 cm,泳裤侧缝下端点在臀围线上 3.5 cm;

5. 将前后侧缝收紧,画出裤口曲线;

6. 设计出领口曲线;

7. 画游泳裤的裆片裁剪线,将前后片上裆片合并为一体;

8. 原图上的腰省量可根据具体款式处理,如果游泳衣款式上无省,则可以忽略。

第二节 游泳衣结构设计

一、连体式泳衣

图 7-3 的连体式泳衣,特殊的地方在于吊环处纸样的处理:可以将袖窿省的松量转移至肩部,在吊环处形成自然褶皱。前片吊环上部的衣片与后片合并裁剪。具体处理方法如图 7-5、图 7-6 所示。

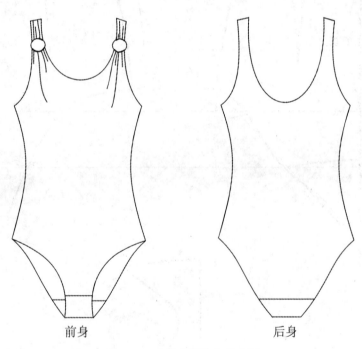

前身　　　　　　　后身

图 7-3　连体式游泳衣款式图

图7-4 游泳衣实例效果图

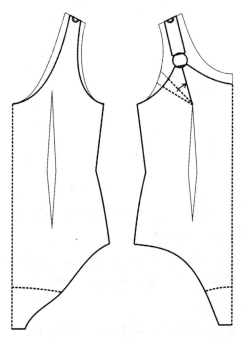

图7-5 连体式游泳衣纸样处理方法

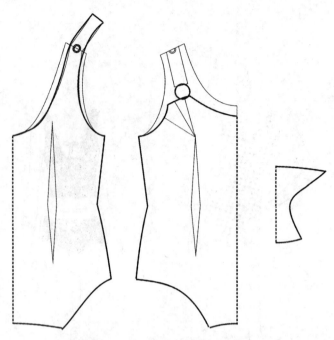

图7-6　连体式游泳衣纸样完成图

二、分体式游泳衣

款式图如图7-7所示。

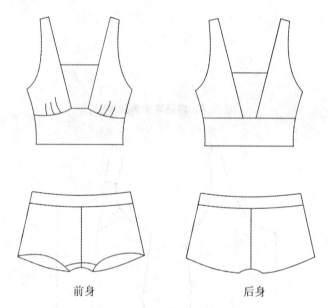

前身　　　　　　　　　　后身

图7-7　分体式游泳衣款式图

　　分体式游泳衣纸样既可以上下身纸样独立制图,也可以在游泳衣基本纸样的基础上制图。具体制图过程如图7-8、图7-9所示。制图要点:

　　(1) 将泳衣上身衣摆位置设在腰围线上,并设计出乳底分割线、前后领口等处的分割线;

　　(2) 使用泳衣基本纸样上的腰省,将袖窿省转入腰省,成为乳底分割线上的打褶量;合并腰部的其他部分,得到前后片腰部育克纸样;

　　(3) 在低腰11 cm处画平角短裤的纸样,可参考第四章图4-18;

　　(4) 在腰部加上3 cm宽的腰带纸样,这样游泳裤的实际低腰位置距腰围线8 cm。

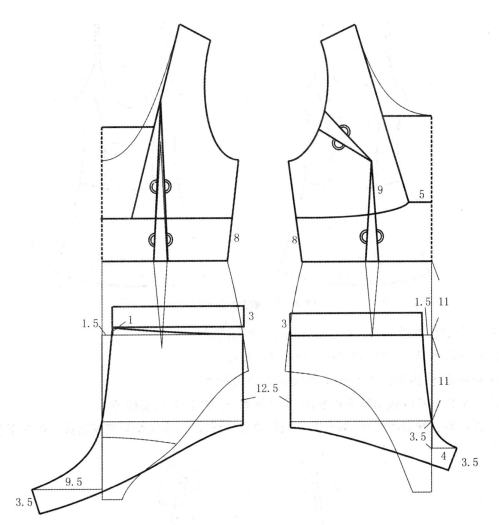

图7-8　分体式游泳衣纸样结构图

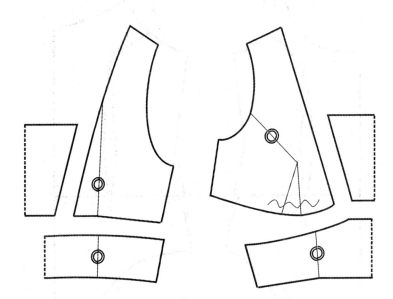

图7-9　分体式游泳衣衣身纸样完成图

三、裙式游泳衣

款式图如图7-10所示。裙子和裤子均缝合在衣身上。

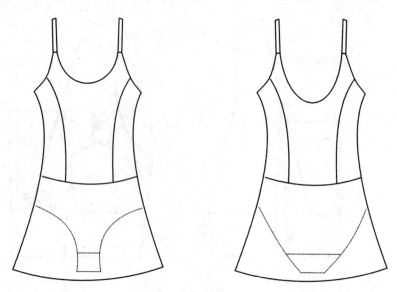

图 7 - 10　裙式游泳衣款式图

纸样处理过程如图 7 - 11、图 7 - 12 所示。制图要点：

(1) 设计出吊带、领口轮廓和衣身与裙子的接缝；

(2) 将袖隆省、胸省归入刀背缝，背省修改为刀背缝；

(3) 游泳裤的腰围线需减去省量，使衣身与裤子的连接处长度相等；

(4) 以抬高起翘量的方法，画出裙摆张开的裙子纸样，注意裙腰与衣身连接处的长度相等。

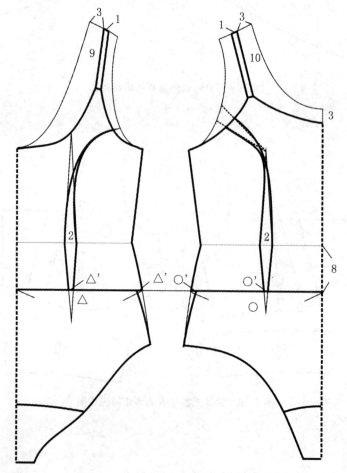

图 7 - 11　裙式游泳衣衣身与裤子纸样

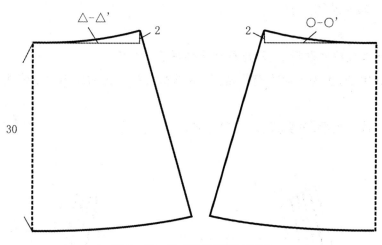

图 7 - 12　裙式游泳衣裙子纸样

四、游泳衣实例 1

1. 款式图如图 7 - 13 所示。

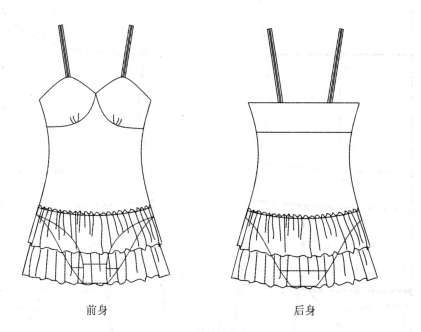

前身　　　　　　　　后身

图 7 - 13　游泳衣实例 1

2. 纸样(图7-14~图7-16)

制图要点:

1. 在游泳衣基本纸样的基础上,设出两个吊带所在的位置;

2. 画出胸片的轮廓,因为本款式有胸褶,可将基本纸样上的省转移到下胸围的位置,省量变为褶量;

3. 设计双层裙片的轮廓,并剪开,加出打褶量。

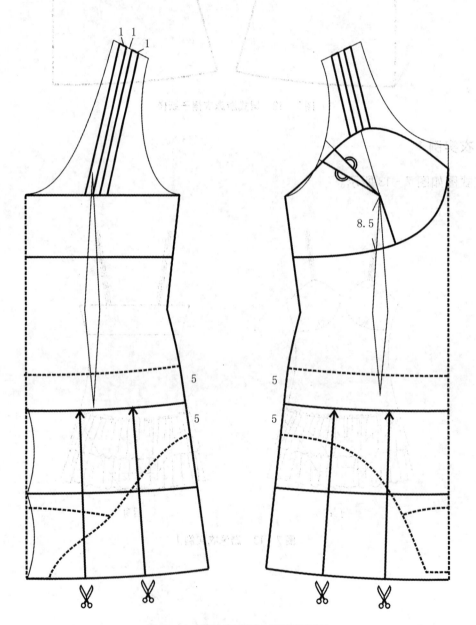

图7-14 游泳衣实例1纸样结构图

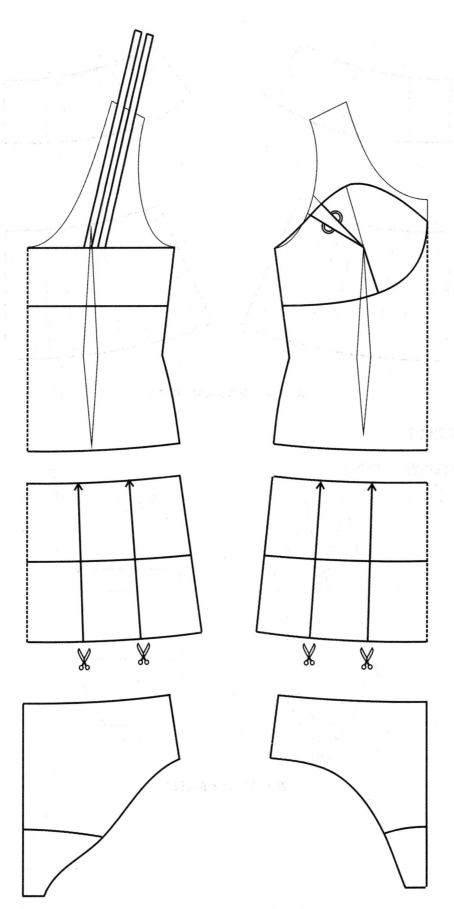

图 7-15　游泳衣实例 1 纸样 1

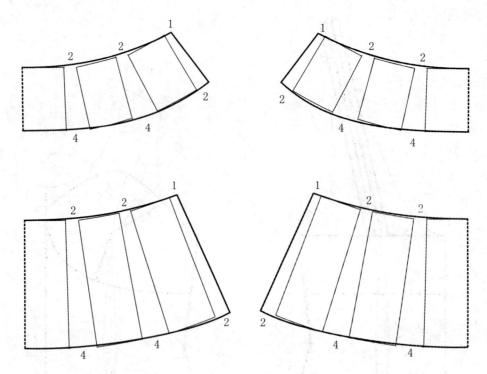

图 7-16 游泳衣实例 1 纸样 2

五、游泳衣实例 2

1. 款式图如图 7-17 所示。

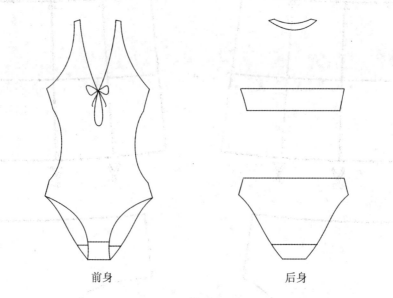

前身　　　　　　　　　后身

图 7-17 游泳衣实例 2

2. 纸样(图7－18、图7－19)

制图要点：

本款式较简洁,一个款式特点是领口为吊颈式。由于游泳衣基本纸样的领口与人体颈围线不相吻合,因此需将原领口还原,以便画出领口纸样。

第二个款式特点是泳衣只遮盖住前腰部,露出后腰。处理纸样时,前片在腰围处收进 1 cm,这样可以在视觉上减小腰围尺寸。

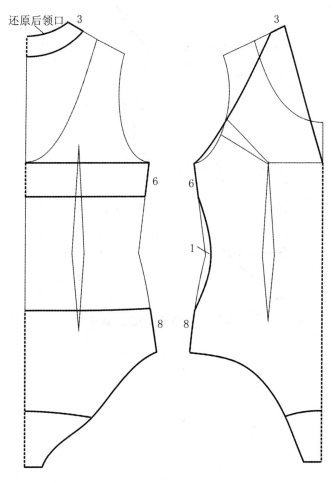

图7－18　游泳衣实例2纸样结构图

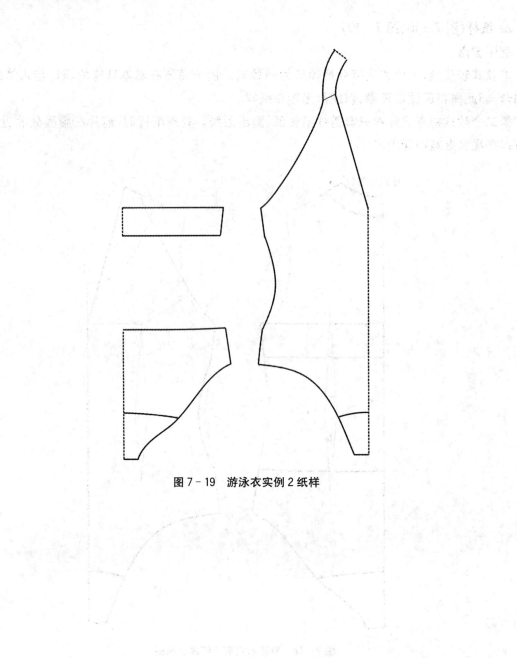

图 7 - 19　游泳衣实例 2 纸样

参 考 文 献

1. 印建荣. 内衣结构设计教程[M]. 北京:中国纺织出版社,2006
2. 安·哈格. 内衣、泳装、沙滩装及休闲服装结构设计[M]. 北京:中国纺织出版社,2001
3. Greenbaum AR, Heslop T, Morris J, Dunn KW. "An investigation of the suitability of bra fit in women referred for reduction mammaplasty". British Journal of Plastic Surgery, 2003. 4,56 (3):230
4. Wood K, Cameron M, Fitzgerald K. "Breast Size, Bra Fit and Thoracic Pain in Young Women: A Correlational Study". Chiropractic & Osteopathy 2008
5. 刘瑞璞. 最新女装结构设计[M]. 北京:中国纺织出版社,2009